Flash益智开发

主编 艾为学 王世清

重庆大学出版社

图书在版编目（CIP）数据

Flash益智开发/艾为学，王世清主编.——重庆：
重庆大学出版社，2022.3
ISBN 978-7-5689-3161-8

Ⅰ.①F… Ⅱ.①艾… ②王… Ⅲ.①动画制作软件
Ⅳ.①TP391.414

中国版本图书馆CIP数据核字（2022）第027712号

Flash 益智开发
FLASH YIZHI KAIFA

主 编 艾为学 王世清

责任编辑：蹇 佳 版式设计：蹇 佳
责任校对：夏 宇 责任印制：赵 晟

· ·

重庆大学出版社出版发行
出版人：饶帮华
社 址：重庆市沙坪坝区大学城西路21号
邮 编：401331
电 话：（023）88617190 88617185（中小学）
传 真：（023）88617186 88617166
网 址：http://www.cqup.com.cn
邮 箱：fxk@cqup.com.cn（营销中心）
全国新华书店经销
印刷：重庆五洲海斯特印务有限公司

开本：787mm×1092mm 1/16 印张：6 字数：167千
2022年3月第1版 2022年3月第1次印刷
印数：1—2 000
ISBN 978-7-5689-3161-8 定价：38.00元

· ·

编委会

前 言 / PREFACE

《Flash益智开发》自2017年开始组织编写。

这是一本根据中学生的认知规律，涵盖Flash主要知识点，结合重庆市荣昌中学校开展信息技术选修课程基本情况编写的教材。

本教材从Flash基本图形绘制到小项目动画设计，再过渡到Flash程序设计，以及运用综合知识技能进行项目开发设计。

本教材采用章节式编写，内容编排以益智为核心，总共分为入门、提高、实战三大模块：第一章、第二章是入门，只要认识Flash软件和学习绘图设计；第三章、第四章、第五章是提高，主要是学习程序设计；第六章是实战，主要学习项目设计。书中内容既可整体逐步学习，也可分模块独立学习。绘图设计以学生喜闻乐见的实例为示范，绘制出具有创新性、个性化的作品。程序设计则结合校园特色、数学知识，增加枯燥代码学习的趣味性，培养独特的计算思维。在项目设计板块，则以益智游戏设计为主线，逐层剖析游戏生成过程。

本教材知识丰富，通过知识库、跟着做、动手变、动脑行等环节让读者学有所思、学有所成。教材内容具有可读性，不是简单的工具书，每个实例添加了对应的操作要领，也有知识的延伸。

本教材还有相应的教学网站，在教学网站上包含了所有实例使用的素材以及教学课程，学习者可以根据教学网站的内容轻松制作出作品。本教材可作为中学选修学习的教材使用，也可作为广大青少年学习Flash的参考书籍。

同步学习校园网站：http://it.rczx.cn：6060[*]。

编 者

2021年4月

---

[*]编者注：网站地址需用重庆市荣昌中学校园网才能打开，其他网络可扫描封底二维码下载素材。

目 录 / CONTENTS

第一章　Flash初步认识

本章是Flash软件学习的入门课。通过对Flash软件进行安装，熟悉Flash软件的工作界面及功能，为后续的学习打下基础！

【本章学习目标】

☆了解Flash软件

☆掌握Flash软件的安装

☆熟悉Flash软件的工作界面

☆掌握Flash文件的保存方法

1.1 Flash软件的功能及特点

1.1.1 Flash的功能

Flash是一种集动画创作与应用程序开发于一体的创作软件，为创建数字动画、交互式Web站点、桌面应用程序以及手机应用程序开发提供了功能全面的创作和编辑环境。Flash能创建丰富的应用程序，包含视频、声音、图形和动画等。设计者可以在Flash中创建原始内容或者从其他Adobe应用程序（如Photoshop或Illustrator）中导入，快速设计简单的动画，以及使用Adobe ActionScript3.0开发高级的交互式项目。设计人员和开发人员也可用它来创建演示文稿、应用程序和其他允许用户交互的内容。

目前Flash被广泛应用于网页设计、网页广告、网络动画、多媒体教学、游戏设计、企业介绍、产品展示和电子相册等领域。

1.1.2 Flash的发展概况

Flash的前身是FutureSplash Animator，在出现时它仅仅作为当时交互制作软件Director和Authorware的一个小型插件，后来才由Macromedia公司出品成单独的软件。它曾与Dreamweaver（网页制作工具软件）和Fireworks（图像处理软件）并称为"网页三剑客"。

历史版本简况		
版本名称	更新时间	新增功能
Future Splash Animator	1995年	由简单的工具和时间线组成
Macromedia Flash 1	1996年11月	Macromedia更名后为Flash的第一个版本
Macromedia Flash MX	2002年3月15日	Unicode、组件、XML、流媒体视频编码
Macromedia Flash MX Pro	2003年9月10日	ActionScript2.0的面向对象编程，媒体播放组件
Macromedia Flash 8	2005年9月13日	渐变增强，对象绘制模式，脚本助手模式，扩展舞台工作区等
Macromedia Flash 8 Pro	2005年9月13日	方便创建FlashWeb，增强的网络视频
Adobe Flash CS3 Professional	2007年	支持ActionScript3.0，支持XML
Adobe Flash CS3	2007年12月14日	导出QuickTime视频
Adobe Flash CS4	2008年9月	3D转换，反向运动与骨骼工具，程序建模，动画预设等

1.1.3　Flash的特点

作为一款非常流行的动画制作软件，Flash以流式控制技术和矢量技术为核心，制作的动画具有短小精悍的特点，所以被广泛应用于网页动画的设计中，已成为当前网页动画设计最为流行的软件之一。Flash动画设计的三大基本功能是整个Flash动画设计知识体系中最重要也是最基础的，包括绘图和编辑图形、补间动画。这是三个紧密相连的逻辑功能，并且这三个功能自Flash诞生以来就存在。

（1）绘图。

Flash包括多种绘图工具，它们在不同的绘制模式下工作。许多创建工作都开始于像矩形和椭圆这样的简单形状，因此能够熟练地绘制和修改它们的外观，以及应用填充和笔触是很重要的。Flash提供的三种绘制模式，决定了"舞台"上的对象彼此之间如何交互，以及怎样编辑它们。默认情况下，Flash使用合并绘制模式，但是可以启用对象绘制模式，或者使用"基本矩形"或"基本椭圆"工具等绘制模式。

（2）编辑图形。

绘图和编辑图形不但是创作Flash动画的基本功，也是进行多媒体创作的基本功。在绘图的过程中要学习怎样使用元件来组织图形元素，这也是Flash动画的一个特点。Flash中的每幅图形都开始于一种形状，形状由两个部分组成：填充（fill）和笔触（stroke），前者是形状里面的部分，后者是形状的轮廓线。记住这两个组成部分，就可以比较顺利地创建既美观又复杂的画面。

（3）补间动画。

补间动画是整个Flash动画设计的核心，也是Flash动画的最大优点，它有动画补间和形状补间两种形式。用户学习Flash动画设计，最主要的就是学习"补间动画"设计。在应用影片剪辑元件和图形元件创作动画时，有一些细微的差别，应该完整把握这些细微的差别。

Flash的补间动画有以下几种：

①动作补间动画：动作补间动画是Flash中非常重要的动画表现形式之一，在Flash中制作动作补间动画的对象必须是"元件"或"组合"对象。

②形状补间动画：所谓的形状补间动画，实际上是由一种对象变换成另一个对象，而该过程只需要用户提供两个分别包含变形前和变形后对象的关键帧，中间过程将由Flash自动完成。

③逐帧动画：逐帧动画是一种常见的动画形式，它的原理是在"连续的关键帧"中分解动画动作，也就是每一帧中的内容不同，连续播放形成动画。

在Flash中将JPG、PNG等格式的静态图片连续导入到Flash中，就会建立一段逐帧动画。也可以用鼠标或压感笔在场景中逐帧地画出帧内容，还可以用文字作为帧中的元件，实现文字跳跃、旋转等特效。

④引导层动画：在Flash中引导层是用来指示元件运行的路径，所以引导层中的内容可以是用【钢笔工具】【铅笔工具】【线条工具】【椭圆工具】【矩形工具】或【画笔工具】等绘制的线段，而被引导层中的对象是跟着引导线走的，可以使用影片剪辑、图形元件、按钮、文字等，但不能应用形状。

⑤遮罩动画：遮罩动画是Flash中一个很重要的动画类型。使用遮罩配合补间动画，用户更可以创建更多丰富多彩的动画效果：图像切换、火焰背景文字、管中窥豹等都是实用性很强的动画。并且，从这些动画实例中，用户可以举一反三创建更多实用性更强的动画效果。遮罩的原理非常简单，但其实现的方式多种多样，特别是和补间动画以及影片剪辑元件结合起来，可以创建千变万化的形式。如果对这些形式做个总结概括，有的放矢，便可从容创建各种形式的动画效果。

1.2 Flash软件安装

本书所用到的Flash软件版本为Adobe Flash CS4简体中文版，简称Adobe CS4，是Adobe公司推出的用于创建动画和多媒体内容的软件。Adobe Flash CS4是业界领先的创作环境，面向使用不同平台和设备的用户。Adobe Flash CS4简体中文版中制作动画简单，可快速创建动画、轻松修改运动路径并全面控制个别动画属性，并且可以面向不同的平台。Flash CS4是Web动画和交互式矢量图的标准。网页设计人员可以用Flash创建出漂亮的导航界面，而且效果也很特别！

首先需要到官方网站去下载"Adobe Flash CS4"软件。然后按照以下步骤进行安装：

（1）双击已经下载的安装程序，如图1-1。

图1-1

（2）按照安装向导单击下一步，如图1-2。

图1-2

（3）选择安装路径，如图1-3。

（4）用户信息的输入，如图1-4。

（5）耐心等待安装完成，如图1-5。

（6）完成安装，注意不要勾选其他项目，如图1-6。

（7）安装完成后就可以在桌面上双击 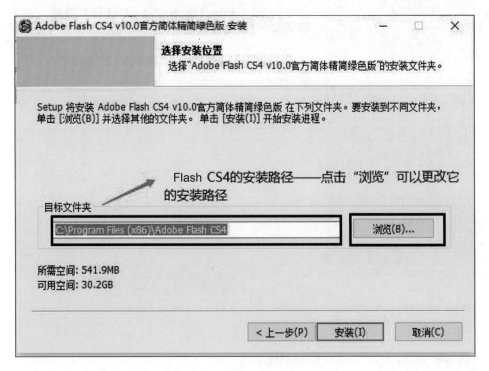 启动了。

图1-3

图1-4

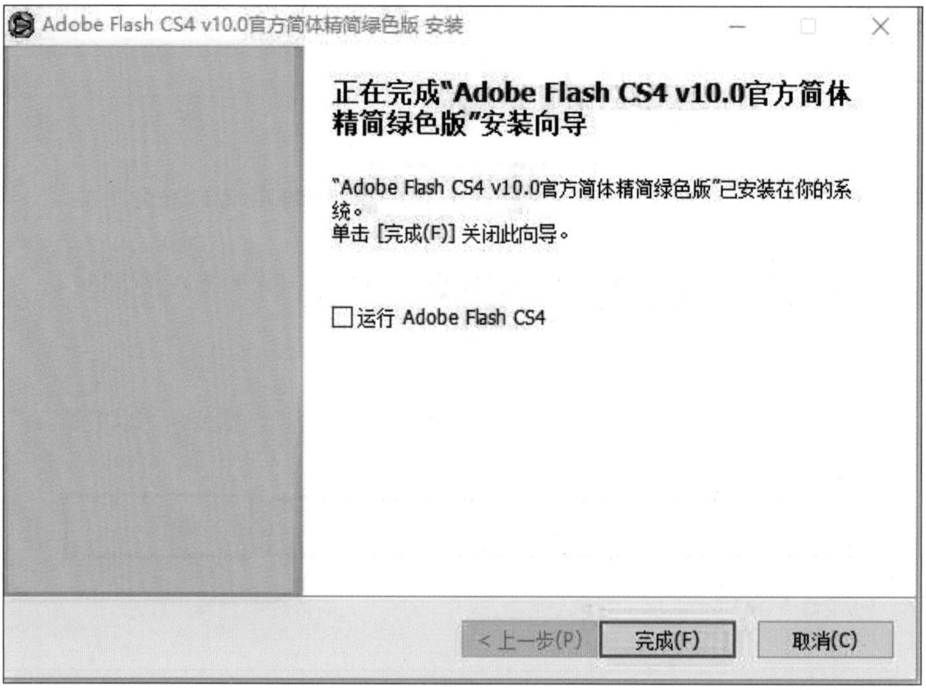

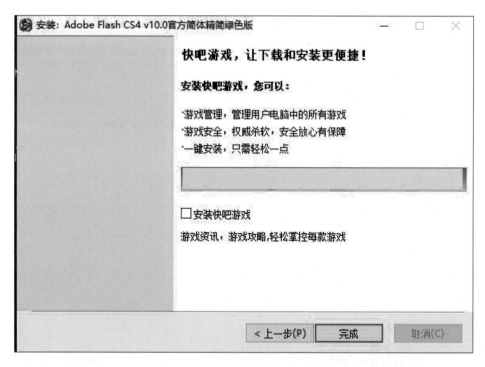

图1-5

图1-6

温馨提示！

1.建议大家到官网下载软件或者购买正版软件！

2.不同的软件版本安装过程略有不同。

1.3 Flash基本界面

要更好地应用Flash软件，就要先熟悉它的基本工作区域。下面将要为大家介绍Flash软件的基本工作界面。

打开Flash软件后，首先会出现如图1-7所示的内容，启动新建下面的第一个选项 Flash 文件 (ActionScript 3.0) ，进入如图1-8所示的界面。

图1-7

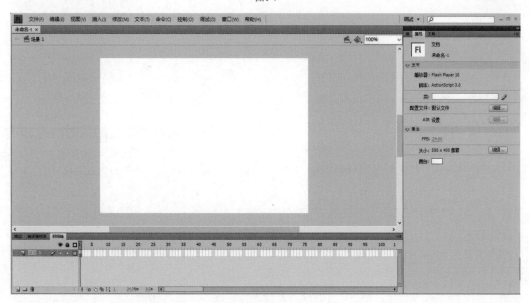

图1-8

进入主界面后，分板块熟悉各部分的功能。

（1）顶端菜单栏，如图1-9。

图1-9

（2）【时间轴】面板，如图1-10。它是由图层和帧两个部分组成，是后面学习内容的"主战场"。

（3）中间部分是一个舞台，就是平时做动画的地方,如图1-11。

（4）右边是【属性】、【库】和【工具】面板栏，如图1-12。

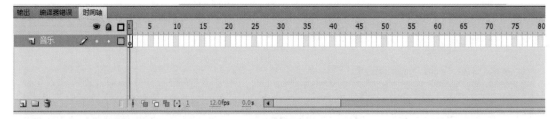

图1-10

图1-11

温馨提示!
Flash文件Actionscript3.0和Flash文件 Actionscript2.0
都是用于开发 Flash 交互应用的程序语言。AS3 的运
行性能要比AS2快10倍，而且 AS3 在脚本代码编写上
更严格。

图1-12

1.4　Flash软件启动与退出

1.4.1　启动Flash软件

方法1：在【开始】菜单中，选择【开始】→【程序】→【Adobe Flash CS4】命令，即可启动Flash CS4软件。

方法2：在桌面上双击Adobe Flash CS4的快捷方式图标，如图1-13。

方法3：双击Adobe Flash CS4相关的文档。

图1-13

温馨提示!

在【Adobe Flash CS4】命令上右击鼠标，在弹出的快捷菜单中选择【发送到快捷方式】命令，即可在桌面上创建Adobe Flash CS4 的快捷方式，用户只需要双击桌面上的Adobe Flash CS4 快捷方式图标就可以打开Adobe Flash CS4 软件。

1.4.2 退出Flash软件

方法1：如果要退出Flash CS4软件，可在菜单中选择【文件】→【退出】，即可退出Flash。

方法2：通过右键单击程序窗口左上角的图标，在弹出的快捷菜单中选择【关闭】命令。

方法3：直接关闭程序窗口右上角的【关闭】按钮。

方法4：按快捷键【Alt+F4】或者【Ctrl+Q】等操作都可以退出Flash。

温馨提示！
退出 Flash 软件不同于保存 Flash 文件，关于保存文件的方法后面会学习到！

第二章　Flash动画基础

　　本章主要通过对Flash简单动画的学习，掌握基本绘图工具的使用以及能够区别和制作Flash补间形状、补间动画和传统补间。

【本章学习目标】

☆掌握基本绘图工具的使用

☆掌握补间形状、补间动画、传统补间

☆了解引导层的作用

2.1 绘图工具的运用

2.1.1 案例1：红十字制作

知识库

【矩形工具】顾名思义，即绘制矩形的工具，使用矩形工具时可以设置填充色。它与【铅笔工具】【钢笔工具】以及【线条工具】类似的是该工具绘制的矩形是由直线组成的。当然【矩形工具】也有自己非常明显的特点，可以绘制具有一定圆角的矩形，如果用其他工具实现这个功能就非常麻烦。

跟着做

（1）启动Flash，新建一个Flash文件。

（2）在工具栏将填充颜色设置为红色，线条设置为无色。

（3）单击选择工具栏中【矩形工具】，注意选择第一项形状。

（4）单击工具栏下方的【对象绘制】置于选择状态。

（5）在舞台左边位置向右下拖动鼠标到合适位置，使其形状呈横条矩形状，如图2-1。

（6）单击工具栏中的【选择工具】，选中横条，单击鼠标右键→【复制】，再单击鼠标右键→【粘贴】。

（7）单击工具栏【任意变形工具】把第二个横条旋转90度与横条垂直。

（8）单击工具栏中的【选择工具】，分别选择横条、竖条，进行拖动，调整位置，使整个形状成红十字形状，如图2-2。

（9）选择【文件】→【导出】→【导出图像】。

图2-1

图2-2

温馨提示!
选中【矩形工具】，按住 Shift 键拖动鼠标时，可以绘制出一个正方形。

动手变

（1）不选中工具栏下方的【对象绘制】，试试会有什么效果？
（2）把颜色变一变，看看会发生什么？

动脑行

李华想用Flash软件画一辆自行车，请问要用到哪些绘图工具呢？他最少可以用几种工具画出自行车呢？

2.1.2 案例2：画红心

知识库

图层就像透明的薄片一样，在舞台上一层层地向上叠加。图层可以帮助组织文档中的插图。可以在图层上绘制和编辑对象，而不会影响其他图层上的对象。如果一个图层上没有内容，那么就可以透过它看到下面的图层内容。

图形组合：有的时候一个图形并不是由单一的形状绘制而成，而是由不同的形状、线条等组合而成。

跟着做

（1）启动 Flash，新建一个 Flash 文件。
（2）在工具栏将填充颜色为红色，线条为无色。
（3）选择工具栏中【矩形工具】，确认工具栏下方的【对象绘制】处于非选中状态，绘制一个正方形。
（4）选择工具栏的【任意变形工具】将矩形选中。
（5）单击右键【扭曲】功能，移动下方左右两端两个变化点到中间变化点形成倒三角形，如图 2-3。

（6）添加一个新图层，并在新图层中运用【椭圆工具】在倒三角形的右上端绘制一个圆。

（7）再添加一个新图层，采用上面方法绘制一个圆放于倒三角形的左上端位置。

（8）运用选择工具对不同图层的圆进行位置的移动，使得整个形状形如心形，如图2-4。

图 2-3

图 2-4

（9）选择【文件】→【导出】→【导出图像】。

温馨提示！
Flash中的【任意变形工具】，可以对图形进行扩大、缩小、倾斜、旋转等操作。

动手变

（1）将填充颜色选择成放射状，试试会有什么变化。

（2）添加图层，增加其他图形，以丰富心形的形状。

动脑行

　　通过本节课的学习，李华同学用绘图工具绘制出了自行车的图形，但是他发现没办法让自行车转换成"图形元件"。你能帮他解决这个问题吗？试一试，能否在同一图层将自行车绘制出来呢？

2.2　补间形状动画

2.2.1　案例1：正方形变成三角形

知识库

　　形状补间动画是在Flash的时间轴面板上，在一个关键帧上绘制一个形状，然后在另一个关键帧上更改该形状或绘制另一个形状等，Flash将自动根据二者之间的帧值或形状来创建动画，它可以实现两个图形之间颜色、形状、大小、位置的相互变化。

　　帧：进行Flash动画制作最基本的单位，在时间轴上的每一帧都可以包含需要显示的所有内容，包括图形、声音、各种素材和其他多种对象。普通帧在时间轴上显示为灰色填充的小方格。

　　关键帧：有内容的帧，用来定义动画变化、更改状态的帧，即编辑舞台上存在实例对象并可对其进行编辑的帧。关键帧在时间轴上显示为实心的圆点。

跟着做

　　（1）启动Flash，新建一个Flash文件。

　　（2）在工具栏将填充颜色设置为红色，线条设置为无色。

　　（3）选择工具栏中【矩形工具】，确认工具栏下方的【对象绘制】处于非选择状态，绘制一个正方形。

　　（4）在时间轴第20帧右键单击选择【插入关键帧】。

　　（5）选择工具栏的【任意变形工具】将矩形选中。

　　（6）单击右键→【扭曲】功能，移动下方左右两端两个变化点到中间变化点形成倒三角形，如图2-5。

　　（7）右键单击第1帧到第20帧之间的任意一帧，选择【创建补间形状】如图2-6。

　　（8）【Ctrl+Enter】测试效果并保存。

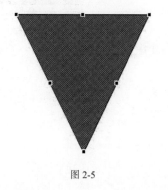

图 2-5

| 创建补间动画 |
| 创建补间形状 |
| 创建传统补间 |
| 插入帧 |
| 删除帧 |
| 插入关键帧 |
| 插入空白关键帧 |
| 清除关键帧 |
| 转换为关键帧 |
| 转换为空白关键帧 |

图 2-6

温馨提示！

有些同学用【任意变形工具】将矩形选中后，右键单击鼠标却找不到【扭曲】菜单，不要着急，你可以到工具栏中去找。

动手变

（1）将填充颜色选择成放射状，试试会有什么变化。

（2）将三角形变成其他形状（如圆形）看看效果。

动脑行

  李华同学特别想画出一个如右图所示的六角星形，你觉得他能够画得出来吗？经过对矩形扭曲变形之后的三角形进行多次复制组合，李华同学还真的画出了六角星形，但是总感觉处理得不是那么完美，你能够帮助他画得更规范吗？有什么便捷的方法吗？

2.2.2　案例2：图形变文字

知识库

  空白关键帧是指舞台上没有包含实例内容的帧，在时间轴上显示为空心的圆点。

  如果要对图形元件、按钮、文字等进行创建形状补间动画，则必须先用组合键【Ctrl+B】将创建对象打散后才可以做形状补间动画。

跟着做

（1）启动Flash，新建一个Flash文件。

（2）【文件】→【导入】→【导入到库】，如图2-7。将图片文件"花.jpg"导入Flash素材库。

（3）将【素材库】中的"花.jpg"素材拖放到舞台。

（4）右键单击"花.jpg"素材，选择【转换成元件】。

图2-7

（5）在弹出的窗口类型中，选择【图形】，名称设置为"花"，如图2-8。

（6）连续两次右键单击舞台上的元件"花"，选择【分离】，直到花图片变成了点状图，如图2-9。

（7）在时间轴第20帧右键单击选择【插入空白关键帧】。

（8）选择工具栏中的文本工具 ，设置字体颜色为红色。

（9）选择属性栏，将字体大小改为60，如图2-10。

（10）将光标定位在舞台上，并输入文字"花"。

（11）右键单击舞台上的文字"花"，选择【分离】，直到文字"花"变成点状图。

（12）【Ctrl+Enter】测试效果并保存。

图 2-8

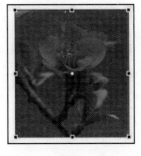

图 2-9

图 2-10

温馨提示！
可以按快捷键【Ctrl+B】，对图形对象进行分离。

动手变

（1）用工具栏中的绘图工具绘制出的图形，形变为文字，试试会有什么区别。

（2）变化不同的文字看看效果。

动脑行

　　快到朋友的生日了，刚刚学习了补间形状动画的李华特别想为朋友设计一份有创意的生日动画。他想实现将文字"生日快乐"变成生日蛋糕的动画，应该如何实现呢？

2.3 补间动画

2.3.1 案例1：跳动的小球

知识库

> 补间动画指的是做Flash动画时，在两个关键帧中间需要做"补间动画"，才能实现图画的运动。插入补间动画后两个关键帧之间的插补帧是由计算机自动运算而得到的。

跟着做

（1）启动Flash CS4软件，新建一个Flash文件。选择工具箱中的【椭圆工具】，设置笔触颜色为空白，填充颜色可自行设置。按住【Shift】键可在舞台上直接绘制一个正圆形。

（2）选中小球，单击右键→转换为元件，如图2-11，将小球转换为【图形】元件在舞台中调整小球的位置，位于靠上居中的位置。

图 2-11

（3）右键单击【图层1】的第60帧→选择【插入关键帧】命令。

（4）选中时间轴【图层1】中第1帧到第60帧之间的任意一帧，右键单击→创建【补间动画】。

（5）单击选中第10帧、25帧、40帧，用【移动工具】直接拖动调整小球的位置，如图2-12。

（6）单击【图层1】中第1帧到第60帧之间的任意一帧，在【属性】面板→设置【缓动】值为–100。正值代表减速运动，负值代表加速运动。

（7）执行菜单→【控制】→【测试影片】。

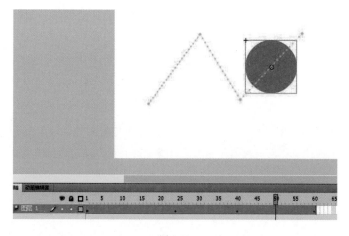

图 2-12

温馨提示！
将图形转换成元件还可以用快捷键【Ctrl+F8】。

动手变

（1）更改缓动值的数值，观察小球跳动快慢的变化。

（2）不断改变小球的大小，看看有什么变化。

动脑行

　　学习了跳动的小球之后，许多同学都大胆尝试创新，有的做成跳动的三角形，有的做成跳动的多边形。这让思维敏捷的李华同学脑洞大开，他想做成滚动的正方形。你觉得李华同学能够做得出来吗？其他图形如何实现滚动效果呢？

2.3.2　案例2：一滴水

知识库

　　PNG图像文件格式（Portable Networf Graphics）的原名称为"可移植性网络图像"，是网上接受的最新图像文件格式。PNG能够提供长度比GIF小30％的无损压缩图像文件。PNG可以保存背景为透明的图片格式，其压缩技术十分先进，它用有损压缩方式去除冗余的图像和彩色数据，在获取极高的压缩率的同时能展现十分丰富生动的图像，换句话说，就是可以用最少的磁盘空间得到较好的图像质量。

跟着做

（1）打开水滴素材文件。

（2）【文件】→【导入】→【导入到库】，将"水滴.png"素材导入到库。

（3）新建图层，重命名为"滴水效果"。

（4）将库中的水滴元件拖入"滴水效果"图层第1帧，并调整到合适大小，如图2-13。

（5）右键单击"滴水效果"图层，在第一帧到60帧中的任意一帧，选择【创建补间动画】。

图 2-13

图 2-14

（6）在"滴水效果"图层第60帧处，将水滴拖到合适位置并缩小，如图2-14。

（7）选中"滴水效果"图层，打开属性，将【缓动】值设为100，如图2-15。

（8）在背景图层第61帧处插入【空白关键帧】。

（9）测试影片并保存。

图 2-15

温馨提示！
PNG格式的图片自带图形元件，因此不需要转换成元件，而直接将库中自带的元件导入舞台即可。

动手变

新增一图层，丰富背景内容，试着完成一张节约用水的海报。

动脑行

秋天到了，校园里的银杏叶飘飘洒洒地落了下来，那片景象总是让人陶醉。李华想：要是能用动画实现这个落叶的效果就好了。学习了本节课的滴水效果，李华忍不住要去试一试。他应该如何设计才能实现呢？

2.4　传统补间

2.4.1　案例1：旋转的齿轮

知识库

在Flash中，传统补间（动作补间动画）只能针对非矢量图形进行，也就是说，进行运动动画的首、尾关键帧上的图形都不能是矢量图形，它们可以是组合图形、文字对象、元件的实例、被转换为"元件"的外界导入图片等。

跟着做

（1）打开素材文件"旋转的齿轮"。

（2）将第1帧处的图片转换为【图形元件】并命名为齿轮，如图2-16。

（3）在第60帧处插入【关键帧】。

（4）选中第60帧的齿轮元件，用【任意变形】工具将其顺时针旋转45度，如图2-17。

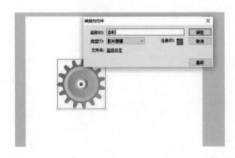

图 2-16

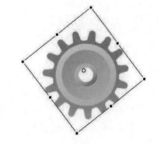

图 2-17

（5）在第1到60帧间单击右键→创建【传统补间】。

（6）在【补间属性】中将【旋转方向】设置为顺时针，测试效果。

（7）新建图层，在第1帧处加入齿轮元件，调整位置，使之与之前齿轮咬合，如图2-18。

（8）在第60帧处插入【关键帧】。

（9）选中第60帧的齿轮元件，用【任意变形】工具将其逆时针旋转45度。

（10）在第1到60帧间单击右键→创建【传统补间】。【Ctrl+Enter】测试效果。

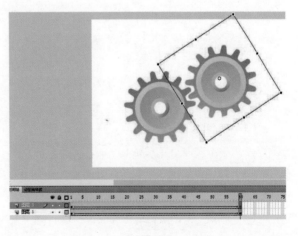

图 2-18

温馨提示!

可以自己用图形组合的方式，绘制出更多样的车轮图形，【导出】→【图像】，格式选择png。

动手变

（1）试一试增加更多的齿轮。

（2）改变元件的角度会有什么不同？

动脑行

李华同学用绘图工具绘制了一辆自行车。学习了旋转齿轮后，李华同学有些坐不住了，他想：能不能给自行车加上旋转的齿轮，让自行车动起来呢？动手试一试吧！

2.4.2 案例2：空中氢气球

知识库

元件是在Flash中创建的图形、按钮或影片剪辑，它们都保存在"库"面板中。元件只需要创建一次，即可在整个文档中重复使用。

当修改元件的内容后，所修改的内容就会运用到所有包含此元件的文件中，这样就使得用户对影片的编辑更加容易。在文档中使用元件会明显地减小文件的大小。

在制作动画过程中，两个类型相似的不同元件要做同样的动画动作时，可以先做一个元件的一套动作，另一个元件可以直接套用替换，可以节省很多时间。

跟着做

（1）新建Flash空白文件。

（2）单击文件→导入到【库】，选择素材文件"空中氢气球.ai"。

（3）舞台将出现多个图片，并自动分布到五个图层，将所有图片选中拖动到舞台下方，如图2-19。

（4）解锁一个图层，选中图片，单击右键→【转换为元件】→类型【图形】，如图2-20。

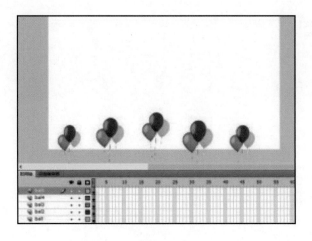

图 2-19

（5）依次将其他图片一一转换。

（6）选中图层1，在第60帧处插入【关键帧】。

（7）将第60帧处的图形移动到舞台外的上部。

（8）在1到60帧处单击右键→创建【传统补间】动画。

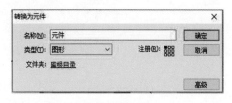

图 2-20

（9）对其他图层逐步执行第（6）（7）（8）步骤。

（10）【Ctrl+Enter】测试效果，无误后，将各图层第1关键帧在时间轴上随机后移，以达到随机上升的效果。

温馨提示!
ai格式文件本身就属于矢量文件。

动手变

（1）改变各图形的起始位置，观察变化。

（2）增加其他图形或文字，达到美化的效果。

动脑行

试试如何找到合适的ai素材文件，利用本节课的所学内容，制作动画。

2.5 引导图层

案例：跳动的篮球

知识库

引导层是Flash引导层动画中绘制路径的图层。

引导层中的图案可以为绘制的图形或对象定位，主要用来设置对象的运动轨迹。引导层不从影片中输出，所以它不会增加文件的大小，而且它可以多次使用。

任何图层都可以使用引导层，当一个图层为引导层后，图层名称左侧的辅助线图标表明该层是引导层。

跟着做

（1）启动Flash CS4软件，新建一个Flash文件。适当修改舞台大小，方便添加引导曲线。

（2）将【篮球】导入到舞台，并转换为【影片剪辑元件】，快捷键【Ctrl+F8】，在舞台中调整元件的位置，放置在左下角。

（3）在图层1→单击右键→【添加传统运动引导层】，如图2-21。

（4）选中引导图层→【线条工具】绘制一条直线，用【选择工具】将直线调整为一条带有弧度的曲线。分别在图层1和引导图层的60帧处插入关键帧【F6】键。且在图层1的第1帧和第60帧处分别将元件的圆心与引导线的线头线尾重合（当鼠标将元件拖动至引导线附近时，元件圆心会自动吸附到引导线上）。

（5）选中时间轴的【图层1】中的第1帧到第60帧之间的任意一帧，右键单击→【创建传统补间】，如图2-22。

图 2-21

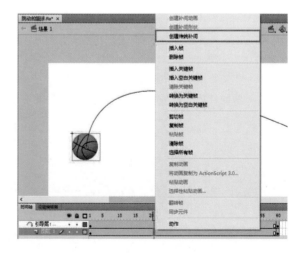

图 2-22

（6）单击【图层1】中的第1帧到第10帧之间的任意一帧。在【属性】面板中，设置【缓动】值为30，【旋转】选择【顺时针】，即可表现出篮球在空中滚动的效果，如图2-23。

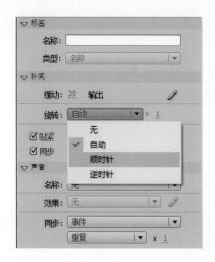

图 2-23

（7）执行菜单中【控制】→【测试影片】，即可得到"跳动的篮球"动画。

温馨提示！
引导层中的引导线可以用铅笔、钢笔等绘制，也可以采用图形绘制。

动手变

（1）在舞台上添加篮球筐，做出篮球投进球筐的效果。
（2）将篮球替换成其他球类，并根据平时观察到的结果设计相应的引导曲线。

动脑行

  春天是个美丽的季节，学校里随处都有美景，特别是蝴蝶在花间飞舞，别提多美了。李华感觉蝴蝶在花间飞舞的景色很美，心想要是能用动画实现就好了。学习了引导层动画之后，想一想如何帮李华实现蝴蝶在花间飞舞的动画。

第三章　Flash动画综合应用

本章主要学习Flash动画基本功能的综合使用。除了掌握基本图形的绘制，还可以学会在动画中插入音频、视频等文件，丰富Flash动画内容。

【本章学习目标】

☆能够熟练使用基本工具以及补间动画

☆掌握音乐、文字等文件的插入及使用

☆掌握遮罩层的使用

☆能结合生活制作简单动画

3.1 遮罩层动画

3.1.1 案例1：地球仪的制作1

知识库

> 遮罩动画可以通过遮罩层来创建。遮罩层中的内容在动，而被遮罩层中的内容保持静止。遮罩层也是一种特殊的图层，使用遮罩层后，下面图层的内容就像透明的窗口一样显示出来。除了透过遮罩层显示的内容之外，其他的所有内容都被隐藏起来。遮罩的项目可以是填充的图形、文本对象、图形元件实例和影片剪辑元件，按钮不能用来制作遮罩。一个遮罩层下面可以包含多个被遮罩层。

跟着做

（1）打开Flash软件，并新建文件，设置当前"图层1"背景色为"深灰色"，如图3-1。

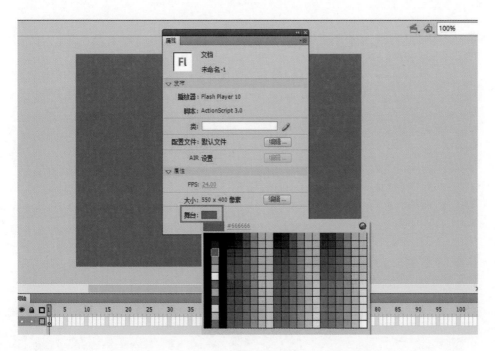

图 3-1

（2）将已准备好的素材"地图.jpg"导入到【库】。【文件】→【导入】→【导入到库】。

（3）从【库】中将"地图.jpg"拖动到舞台，并利用任意变形工具 选择，调整到合适的大小（场景大小为550×400，为了操作方便可直接将地图宽设为275，高按比例调整）。然后将其复制，粘贴成两幅，调整大小后，进行组合，如图3-2，【修改】→【组合】。

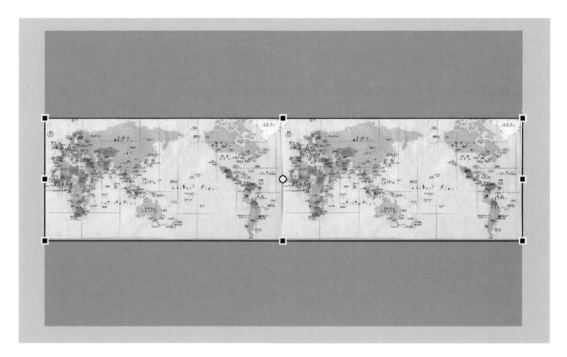

图 3-2

（4）新建一图层，命名为"圆"，选择【椭圆工具】（笔触颜色：设置为无，填充色：任选），画一个正圆。

（5）选择"图层1"，移动地图，使其中轴线与圆的左边缘对齐，如图3-3。

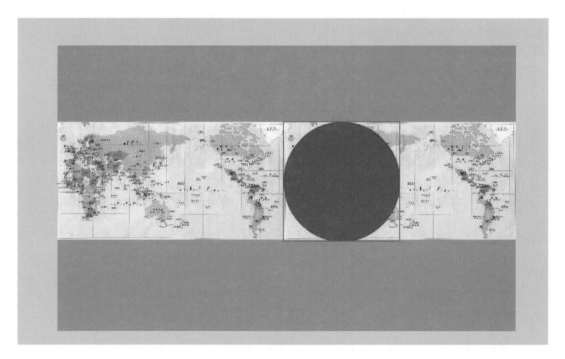

图 3-3

（6）选中"圆"和"图层1"的第80帧，右键单击鼠标→【插入帧】。

（7）选中"图层1"，将"地图"转换成元件,如图3-4。方法1：选中地图→【修改】→【转换成元件】；方法2：右键单击地图→【转换成元件】；方法3：快捷键【Ctrl+F8】。

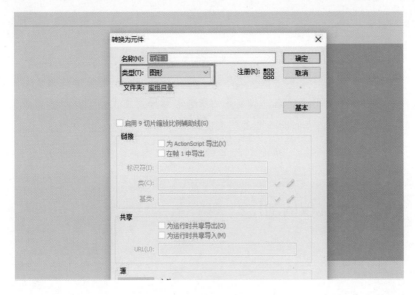

图 3-4

（8）创建"图层1"中第1帧到80帧的补间动画，然后在第80帧将地图向左移动，一直移动到和第一帧相同的画面为止，如图3-5。

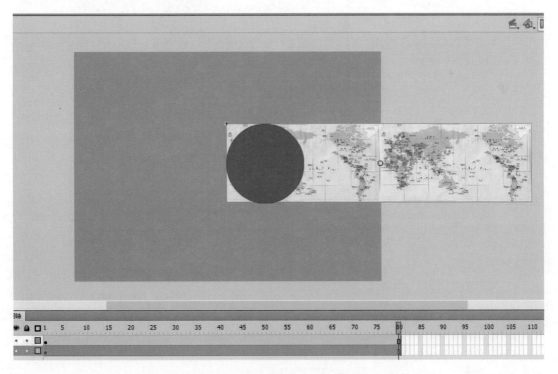

图 3-5

（9）【Ctrl+Enter】进行测试，【Ctrl+S】保存"地球仪.fla"。

动手变

将圆形变成其他图形看看效果。

动脑行

李华的外国朋友最近就要来学校交流学习，他想带朋友看一看家乡的景色却发现时间太紧。于是李华准备制作一个小动画，将家乡的景色展示给朋友，李华还特意将景色放在家乡四宝之一"荣昌折扇"中。想一想李华是怎么做到的。

3.1.2 案例2：地球仪的制作2

跟着做

（1）打开文件"地球仪.fla"。

（2）选择"圆"图层，右键单击→【遮罩层】，如图3-6。

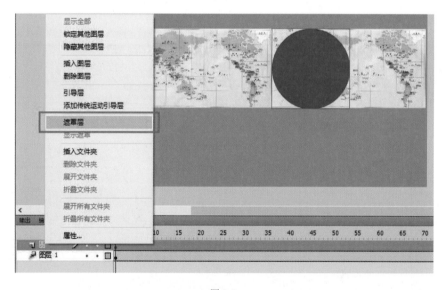

图 3-6

（3）在"圆"图层上方新建一图层，并命名为"光照"。

（4）将"圆"图层中的圆形进行复制，然后选中"光照"图层，选择【编辑】→【粘贴到当前位置】，如图3-7。

（5）【窗口】→【颜色】，打开"颜料桶"，设置填充色为"黑白放射状" 类型：放射状，双击"滑块" ，设置"Alpha" Alpha: 0% 值为0，如图3-8。

（6）【Ctrl+Enter】进行测试，并保存影片。

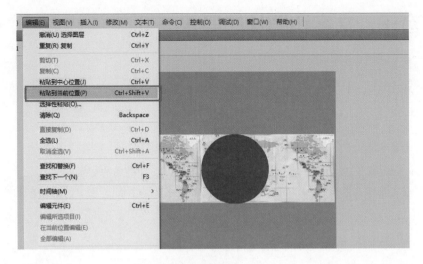

图 3-7

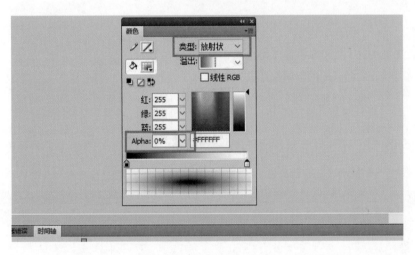

图 3-8

温馨提示!
在Flash中，　Alpha的值越低，透明度越高，例如，当Alpha=0时，对象完全透明。

动手变

增加几个遮罩层看看有什么效果。

动脑行

　　地理课上，老师给大家展示地球是怎么运动的，但是讲到太阳系的运动时，同学们却表示听不懂了。李华想：能不能帮老师制作一个太阳系运动的小课件呢？

3.2 音乐、文字和图片的导入

3.2.1 案例1：校园 MV 的制作——导入音乐

知识库

> Flash MV的制作,主要是由音乐和背景图片或者动画配合完成的。MV的音乐是预先设定好的，因此我们制作的动画和需要准备的素材基本是为了配合音乐而服务的。想要制作出一份高质量的MV，前期需要做一些准备工作，而且在动画制作上也需要具有一定的Flash动画制作基础才能够顺利完成。

准备工作

（1）首先准备好一首校园歌曲（格式最好为mp3格式）。

（2）将与校园歌曲匹配的歌词保存成文本文件，方便使用。

跟着做

（1）新建Flash文档，将"图层1"重命名为"音乐"，将"帧频"设为12，如图3-9。

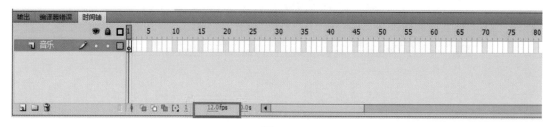

图 3-9

（2）导入音乐"校歌.mp3"到【库】，【文件】→【导入到库】如图3-10。

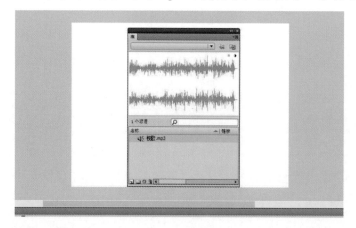

图 3-10

（3）将【库】中的"校歌.mp3"拖动到舞台中。

（4）设置【属性】面板中的"同步"改为数据流，如图3-11。

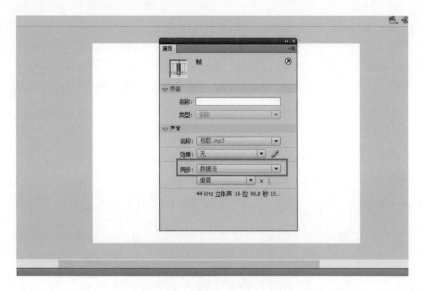

图 3-11

（5）如果此时时间轴上看不到数据流，可根据音乐的时长插入帧即可，"校歌.mp3"时长一共1176帧，因此只需在时间轴第1176帧处插入帧。时间轴如图3-12。

图 3-12

（6）【Ctrl+Enter】进行测试，保存影片为"校园MV1.fla"。

动手变

将帧频12改为24，看看有什么变化？

动脑行

李华马上就要毕业了，他想用班歌为背景音乐做一个充满班级回忆的MV，在制作时却发现导入的歌曲不能用，到底是什么原因呢？同学们能帮他解决吗？

3.2.2 案例2：校园 MV 的制作——导入文字

知识库

在制作包含音频、文字的Flash动画时，为了达到更好的视频效果，在导入歌词这一过程中，应该把握好歌曲与歌词的衔接，做到时间节点刚刚好。制作带有音频的Flash动画时，我们更应该注意动画的整体效果。

跟着做

（1）打开文件"校园MV1.fla"。

（2）单击【库】面板中的"新建文件夹"按钮 ，将文件夹命名为歌词，如图3-13。

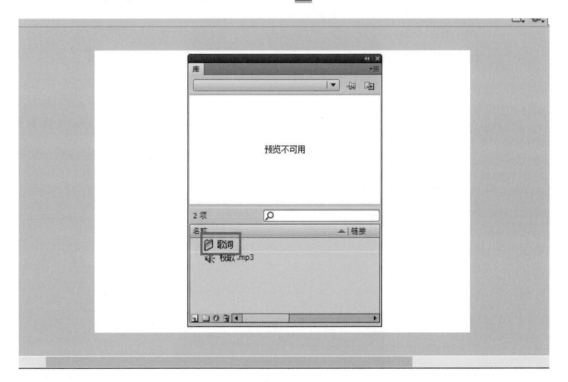

图 3-13

（3）使用工具箱中的【文本工具】 输入歌词"好鸟一声鸣"，并在【属性】面板中设置文字属性，如图3-14。

（4）将歌词"好鸟一声鸣"创建为【影片剪辑元件】，并将该【影片剪辑元件】拖动到"歌词"文件夹中，如图3-15。

（5）按照步骤（3）和（4）将其他歌词依次创建为影片剪辑文件，并拖动到"歌词"文件夹中，文件夹展开效果，如图3-16。

图 3-14

图 3-15

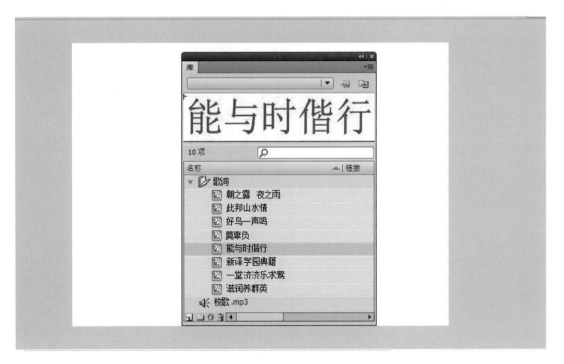

图 3-16

（6）新建图层"标签"，选中"音乐"图层的第1帧，按【Enter】键，开始播放音乐，当听到第一句歌词的时候再按【Enter】键，音乐停止播放，确定出第一句歌词开始的位置。选中"标签"图层中此位置的帧，按【F6】键创建关键帧，在【属性】面板中为此帧命名，如图3-17。用同样的方法确定出其他歌词开始的地方。

图 3-17

（7）新建图层"歌词"，对应着"标签"图层，创建空白关键帧，并将【库】中建好的对应歌词影片剪辑添加到舞台中，为了让每句歌词出现的位置一致，可为歌词设置属性中的坐标X：275，Y：350，如图3-18。

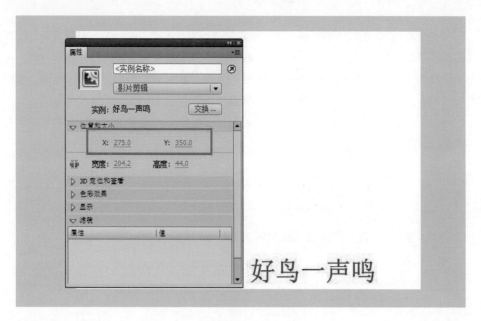

图 3-18

（8）将所有的歌词按照步骤（7）的方法对应填上之后，在两段歌词之间【创建补间动画】。

（9）至此，与歌曲对应的歌词字幕就添加完毕了。【Ctrl+Enter】进行测试，并保存影片为"校园MV2.fla"。

温馨提示！
在Flash中，写代码时用到的标点符号一定要在英文状态下输入哦！

动手变

为歌词增加动画，看一看有怎样的效果。

动脑行

新学期伊始，又到新生学习校歌的时候，可是同学们在练习时总是记不住歌词，音乐老师犯难了。有没有什么办法既可以让同学们学会校歌，又可以看一看学校每个角落的风景呢？

3.2.3 案例3：校园 MV 的制作——导入图片

知识库

> 按钮元件是Flash影片中创建互动功能的重要组成部分。使用按钮元件可以在影片中响应鼠标单击、滑过或其他动作，然后将响应的事件结果传递给互动程序进行处理。即当新创建一个按钮元件之后，在图库中双击此按钮元件，切换到按钮元件的编辑版面，此时，时间轴上的帧数将会自动转换为"弹起""经过""按下"和"点击"四帧。用户通过对这四帧的编辑，达到鼠标动作图片做出相应反应的动画效果。按钮元件在使用时，必须配合动作代码才能响应事件的结果。

准备工作

（1）可提前准备一些校园风景图当作MV的背景。

（2）做一些简单的片头动画。

跟着做

（1）打开Flash文件"校园MV2.fla"。

（2）将搜集到的校园风景图导入到【库】，并新建文件夹，取名"图片"，将导入的校园风景图拖到"图片"文件夹中，展开文件夹效果如图3-19。

（3）新建图层"背景"，将"图片"文件夹中的校园风景图"1.jpg"拖动到舞台，并在【属性】面板中设置宽度为550，高度为400，和舞台大小一致，如图3-20。

图 3-19　　　　　　　　　　　　　　　图 3-20

（4）在背景图层第50帧处插入关键帧，将"图片"文件夹中的校园风景图"2.jpg"拖动到舞台，并在【属性】面板中设置宽废为550，高度为400，和舞台大小一致。依次插入其他校园风景图，并在两关键帧之间【创建补间动画】。

（5）新建"按钮"元件，分别命名为"play""stop"。

（6）回到场景1，新建"按钮"图层，选中"按钮"图层，并分别将按钮"play" 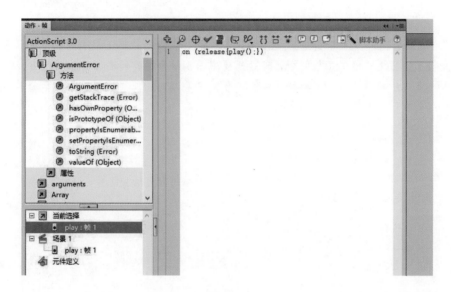 和"stop" 拖入到按钮图层舞台。

（7）选中按钮"play"，并右键单击鼠标，选择"动作"按钮，并在打开的代码窗口输入"on（release{play（）；}）"，如图3-21。

（8）选中按钮"stop"，并右键单击鼠标，选择"动作"按钮，并在打开的代码窗口输入"on（release{stop（）；}）"，如图3-22。

图 3-21

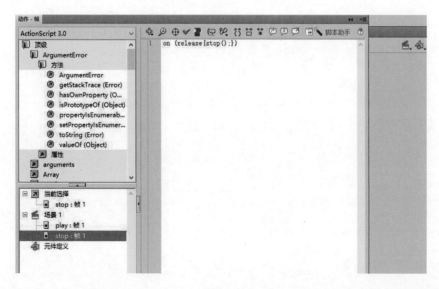

图 3-22

（9）选中"音乐"图层第1帧，右键单击，选择【动作】按钮，并在打开的代码窗口输入"stop（）；"。

（10）新建图层"歌曲名"，选中第1帧，选择【文本工具】**T**按钮，在舞台上输入文字"荣昌中学校歌"，并设置属性。

（11）【Ctrl+Enter】进行测试，并保存影片。

动手变

利用前面学过的遮罩层，试一试将歌词图层设置为遮罩层。

动脑行

李华解决了音乐老师的难题，为她制作了一首校歌的小动画，同学们终于可以流畅地唱完校歌了。可是又出现了新问题，老师想要中途指导学生，需要暂停播放校歌，却只能关掉小动画，然后又从头开始播放，如此反复，很是浪费时间。谁能帮李华完善一下这个动画呢？

第四章　Flash程序算法

　　本章主要是通过学习制作Flash简单的脚本动画，了解Flash程序算法，掌握Flash程序算法中If分支结构、For循环结构算法的概念及其使用方法。

【本章学习目标】

☆了解 ActionScript 语言

☆学会用 ActionScript 语言制作动画

☆了解 Flash 程序算法

☆掌握 If 分支结构算法的概念及使用方法

☆掌握 For 循环结构算法的概念及使用方法

4.1 认识 ActionScript 语言

知识库

（1）ActionScript语言简介：ActionScript（简称AS），Action：动作的意思，Script：脚本的意思，因此ActionScript也称为脚本语言，是由Macromedia为其Flash产品开发的。是一种完全的面向对象的编程语言，语法类似JavaScript，功能强大，类库丰富，多用于Flash互动性、娱乐性、实用性开发，网页制作和RIA（丰富互联网程序）开发。

（2）ActionScript语言的功能：在Flash动画制作过程中，可以通过编写代码实现交互类的动画内容。例如，观看者可以用鼠标或键盘对动画的播放进行控制，使观众由被动接受变为主动选择。

（3）常用的控制语句有：

stop（）作用：停止当前正在播放的动画，通常用于按钮控制影片剪辑或帧。

play（）作用：使停止（或暂停）播放的动画继续播放，通常用于按钮控制影片剪辑或帧。

gotóAndPlay（）作用：将播放头转到场景中指定的帧并从该帧开始播放，如果未指定场景，则播放头将转到当前场景中的指定帧。

gotoAndStop（）作用：将播放头转到场景中指定的帧并从该帧停止播放，如果未指定场景，则播放头将转到当前场景中的指定帧。

nextFrame（）作用：播放动画的下一帧，并停在下一帧。

prevFrame（）作用：播放动画的前一帧，并停在前一帧。

案例：行走的小熊

跟着做

（1）登录重庆市精品选修课《Flash益智开发》网站http：//it.rczx.cn：6060，如图4-1。

（2）下载"4.1行走的小熊-ActionScript语句初识"素材，如图4-2。

（3）打开素材源文件，在小熊图层中第1帧添加动作代码："stop（）；"，在"行走"按钮添加动作代码："play（）；"，在"停止"按钮添加动作代码："stop（）；"。

（4）观看微课教学视频，如图4-3。

（5）跳转帧的播放与暂停。代码为："gotoandplay（）和gotoandstop（）；"。

例：行走的小熊走到10帧时自动跳转到15帧，在小熊图层中第10帧添加动作代码：gotoandplay（15）。

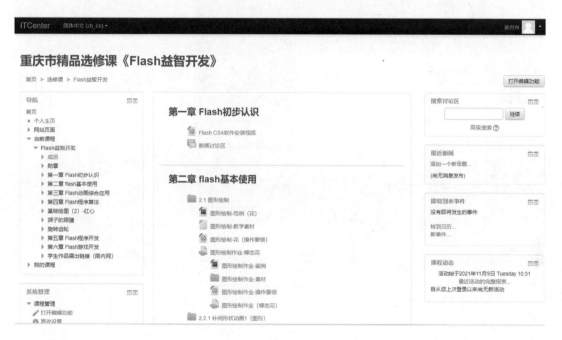

图 4-1

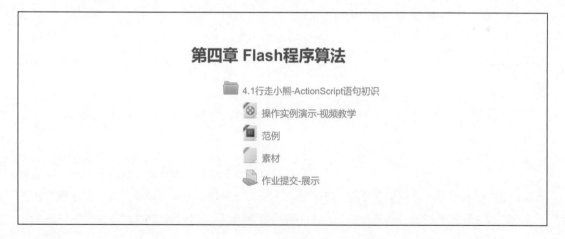

图 4-2

图 4-3

动手变

（1）改变代码中的数据观察产生的变化。

（2）完成了小熊行走的动画，许多同学都想将小熊换成自己喜欢的小动物，其中李华同学想将小熊换成小狗，你们喜欢的小动物是什么呢？请将小熊换成你喜欢的小动物，并制作动物行走的动画。

动脑行

> 完成了本节课的学习，李华同学觉得小熊行走的动画场景非常单调，想给小熊行走的动画添加不同的场景，当我们点击切换场景时，小熊自动跳转至不同的场景。比如，在小熊行走的过程中，当我们点击跳转按钮，场景自动跳转至校门口的场景；点击跳转时，跳转至公路上的场景；再点击跳转时，跳转至小熊的家里。

4.2　Flash 程序算法：分支结构

知识库

在Flash中，程序算法是通过编写代码实现交互类动画的过程与方法。常用的程序结构有两种：分支结构、循环结构。

分支结构包括：单分支结构（If）、双分支结构（If…Else…）、多分支结构（If…Else If…）。

If作用：建立动画播放的执行条件，只有If中设置的条件成立时，才能继续执行后面的动作。

Else作用：当If设置中的条件不成立时，利用Else来执行没有满足If条件的后续动作。

Else If作用：对多个条件的判断，通常和If、Else If配合使用。

案例：让雪花动起来

跟着做

（1）打开素材文件"飘雪效果"。"时间轴"面板中含有背景图层，第1帧中存在背景图像，【库】面板中存在"荣中校园"图片和"雪花"的影片剪辑，如图4-4。

图 4-4

（2）双击"雪花"，进入影片剪辑的编辑状态。

（3）在"雪花"层，将第2帧和3帧转换为关键帧，同时新建图层并命名为"code"，在第2、3帧处创建空白关键帧，如图4-5。

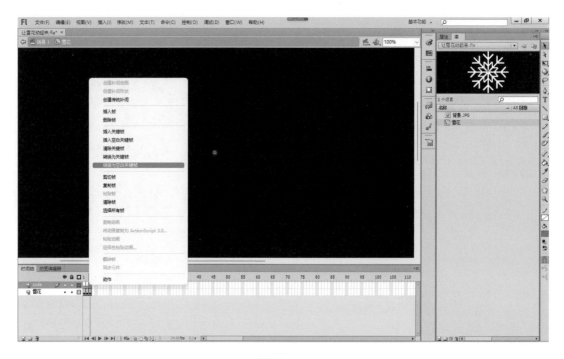

图 4-5

（4）右键单击"code"层第1帧，选择动作，打开帧面板，进行代码编写，如图4-6。代码为：

this. width=12；　　　　　　　//设置雪花的宽度

this. height=12；　　　　　　　//设置雪花的高度

this. alpha=Math. random（）*0.9；　//用随机函数产生雪花的透明度

this. x=Math. random（）*550；　//随机产生X坐标

this. y=Math. random（）*400；　//随机产生Y坐标

（5）右键单击"code"层第2帧，选择动作，打开帧面板，进行代码编写。代码为：

var speed=Math. random（）*5+1；　//设置一个数值变量，大小随机产生

this. y +=speed；　　　　　　//Y坐标进行增加，如同y=y+speed

（6）右键单击"code"层第2帧，选择动作，打开帧面板，进行代码编写。代码为：

if（this.y>400）　　　　　　//条件判断，Y坐标是否大于400

{

　　this.gotoAndPlay（1）；　　//如果大于400，播放第1帧

}else{

　　this.gotoAndPlay（2）；　　//否则播放第2帧

}

（7）回到场景中，用鼠标将"雪花"元件随机拖动到场景中去。

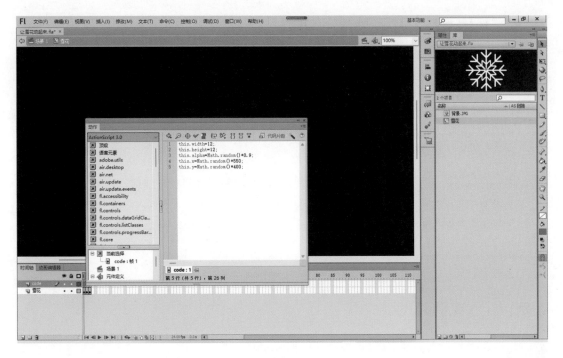

图 4-6

温馨提示！
this关键字是对当前对象的引用。

动手变

（1）改变代码Math.random（　）*5+1中的数据，观察产生的变化。

（2）改变背景，增加元件并添加相应代码。

动脑行

　　李华同学有个调皮可爱的妹妹，李华上学之后妹妹就陪奶奶一起去公园玩耍，奶奶视力不太好，每次过公路时都由年仅四岁半的妹妹观察红绿灯的状态之后通行，但是妹妹总会将车辆的红绿灯与行人的红绿灯混淆。李华同学想制作交通灯的动画给妹妹讲解人行道红绿灯的知识。你们觉得李华同学可以实现吗？应该如何利用所学知识制作人行道红绿灯动画：当前人行道交通灯为红灯时，行人应该等待通行，当倒数10秒之后，交通灯变成了绿灯，行人可以通过公路。

4.3 Flash 程序算法：循环结构

知识库

> 　　在Flash中，按照指定的次数重复执行一系列的动作，或者在一个特定的条件下执行某些动作的过程与方法称之为循环结构算法。实现循环结构算法的语句有while、do...while、for以及for...in。
>
> 　　在Flash中，常用的循环语句为for循环语句，for循环语句的运用相对较灵活，用while语句或do...while语句脚本代码可以用for语句替换，而且for语句的运行效率更高。

案例：让雪花满天飞舞

跟着做

　　（1）启动Flash，打开上节课完成的飘雪效果Flash源文件。

　　（2）在【库】中选择"雪花"影片剪辑，右键选择属性，如图4-7。

图 4-7

　　（3）在元件属性中勾选"为ActionScript导出""在帧1中导出"，将类改为"snow"确定。

　　（4）在场景1中新建图层，更名为"code"。

　　（5）输入代码：

var snownum=50;

```
for（var a=0；a<snownum；a++）
{
var manysnow：snow=new snow（）；
this.addChild（manysnow）；//创造生成对象
}
Var snownum=50；//定义变量初始值为50。
var manysnow：snow=new snow（）；//定义新的对象。
this. addChild（manysnow）；//创造生成对象。
```

（6）选择菜单栏中【控制】→【测试影片】查看效果，如图4-8。

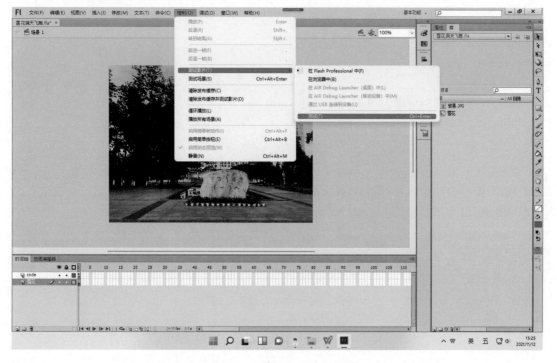

图 4-8

动手变

（1）将背景换一换，试试会有什么效果？

（2）改变程序中变量的初始值，看看效果如何？

动脑行

　　春天是个美丽的季节，群芳争艳，但娇艳的花朵总是经不住风雨的洗礼，李华的妈妈想记录花瓣落下的美丽瞬间，但手机拍摄的效果却不尽如人意。你能应用所学，帮助李华的妈妈制作一个花瓣雨的动画效果吗？

4.4　Flash 程序算法：数学函数

知识库

> 在Flash中，函数式算法也是程序设计语言的一种类型，主要成分是原始函数、自定义函数和函数型。
>
> 在Flash AS3.0中，Math类是常用的数学类，里面包括常用的数学函数，如：计算余弦值Math.cos（），计算机平方根Math.sqrt（）。在很多Flash开发过程中，使用数学计算，可以实现很多美妙的效果。

Flash 中常用的数学函数介绍：

Math. abs（）	计算绝对值
Math. acos（）	计算反余弦值
Math. asin（）	计算反正弦值
Math. atan（）	计算反正切值
Math. atan2（）	计算从 x 坐标轴到点的角度
Math. ceil（）	将数字向上舍入为最接近的整数
Math. cos（）	计算余弦值
Math. exp（）	计算指数值
Math. floor（）	将数字向下舍入为最接近的整数
Math. log（）	计算自然对数
Math. max（）	返回两个整数中较大的一个
Math. min（）	返回两个整数中较小的一个
Math. pow（）	计算 x 的 y 次方
Math. random（）	返回一个 0.0 与 1.0 之间的伪随机数
Math. round（）	四舍五入为最接近的整数
Math. sin（）	计算正弦值
Math. sqrt（）	计算平方根
Math. tan（）	计算正切值

4.4.1 计算绝对值和求平方根

跟着做

（1）新建Flash文件，在新建Flash文件中选择菜单中的【窗口】→【公共库】→【buttons】，添加公共按钮，并在属性中添加实例名：mc_a,在label标签中更名为："计算"，如图4-9。

（2）添加代码，认识abs绝对值函数，如图4-10。测试影片时，当点击"计算"按钮，输出x的值为：12。

图 4-9

图 4-10

> 温馨提示！
> addEventListener是一个侦听事件并进行相应处理的函数。
> trace（表达式），作用：将表达式的值传递给"输出"面板，在面板中显示表达式的值。

动手变

（1）修改Math.abs代码为Math.sqrt（x），查看结果是多少？
（2）根据代码改变为其他数学函数，看看结果是否正确。

动脑行

半期考试后，小组长希望找出本组考试成绩的最高分，小组成员有5人。你能根据本节课所学知识设计一个程序来实现吗？

4.4.2 一元二次方程计算器的制作

知识库

Flash CS4中包含有大量的交互式组件，如Button按钮、CheckBox复选框、TextInput输入框和DataGrid数据表格等组件，更好地实现了人机交互功能，本次项目利用TextInput文本框和Label标签两个组件作界面交互，通过常用的数学公式和数学函数解决数学问题的算法实例。

跟着做

（1）按钮元件的制作。

①创建元件，制作按钮，名称：Start，类型：按钮，添加矩形框，如图4-11。

②指针、按下、点击分别插入关键帧，每一帧使用相近的不同颜色，如图4-12。

③新建图层，命名为"文本"，添加文字为"开始计算"，如图4-13。

④创建元件重新计算按钮，操作步骤与开始计算按钮一致。

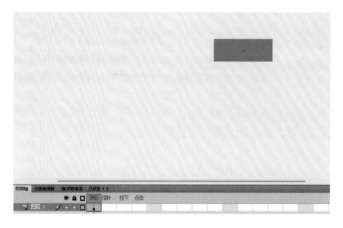

图 4-11

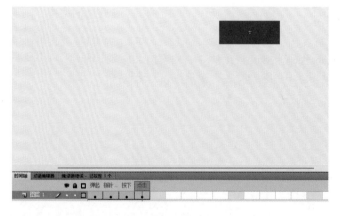

图 4-12

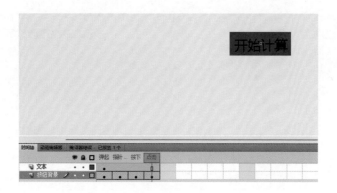

图 4-13

（2）界面的设计。

①进入舞台，图层1命名为：文本，添加文本界面，如图4-14。

②新建图层，添加组件，选择菜单中的【窗口】→【组件】，弹出如图4-15，添加TextInput组件，界面如图4-16。

③添加组件Label，作为提示及输出结果，如图4-17。

④对各组件和按钮进行实例命名，并对Label标签中属性Text设置为空，设计最终界面，如图4-18。

文本框1的实例命名为：mc_a

文本框2的实例命名为：mc_b

文本框3的实例命名为：mc_c

Label1的实例命名为：mc_ts

Label2的实例命名为：mc_x

Label3的实例命名为：mc_x1

Label4的实例命名为：mc_y

Label5的实例命名为：mc_y1

图 4-15

图 4-14

图 4-16

图 4-17   图 4-18

开始计算按钮实例命名为：mc_start

重新计算按钮实例命名为：mc_again

（3）代码的编写。

```
import Flash. events. MouseEvent；

mc_again.addEventListener（MouseEvent. CLICK，againMovie）；//添加实例对象监听事件-鼠标单击，函数名为againMovie

mc_Start.addEventListener（MouseEvent. CLICK，startMovie）；

//创建函数 againMovie

function againMovie（event：MouseEvent）：void //创建函数，参数响应鼠标事件，返回值为空
{
    mc_a.text="";
    mc_b.text="";
    mc_c.text="";
    mc_ts.text="";
    mc_x.text="";
    mc_x1.text="";
    mc_y.text="";
    mc_y1.text="";
}

//创建函数 startMovie

function startMovie（event：MouseEvent）：void
{
    var a，b，c，d，s：Number=0；//定义变量，类型为数值型
    if（mc_a.text==""）//if 条件判断结构
    {
        mc_ts.text=""请输入正确的系数 a 的数值"";
    }
    else if（mc_a.text=="0"）
```

```
        {
                mc_ts.text="一元二次方程系数系数a的数值为能为0";
        }
        else if（mc_b.text==""）
        {
                mc_ts.text="请输入正确的系数b的数值";
        }
        else if（mc_c.text==""）
        {
                mc_ts.text="请输入常规系数c的数值";
        }
        else
        {
                a=Number（mc_a.text）; //类型转换函数，把文本型转换为数值型
                b=Number（mc_b.text）;
                c=Number（mc_c.text）;
                //判断一元二次方程是否有解
                d=b*b-4*a*c; //b 的平方减去 4ac
                if（d<0）
                {
                mc_ts.text="因为d的值"+String（d）+"<0，所以此一元二次方程无解"; //字符串合
并，String 是将数值型转换为字符串
                mc_x.text="";
                mc_x1.text="";
                mc_y.text="";
                mc_y1.text="";
        }
        else if（d==0）
        {
    mc_ts.text="因为 d 的值"+String（d）+"=0，所以此一元二次方程有一个解或两个相同的解"; //
字符串合并，String 是将数值型转换为字符串
                mc_x.text="x=";
                s=（-b+d）/2*a;
                mc_x1.text=String（s）;
                mc_y.text="";
                mc_y1.text="";
        }
        else if（d>0）{
```

```
        var k：Number=0;
        k=Math.sqrt（d）；//数学函数 sqrt，求根函数
        mc_ts.text="因为 d 的值"+String（d）+">0，所以此一元二次方程有两个不同的解";
        mc_x.text="x=";
        s=（-b+d）/2*a;
        mc_x1.text=String（s）；
        mc_y.text="y=";
        s=（-b-k）/2*a;
        mc_y1.text=String（s）；
    }
    else{
        mc_ts.text="出现错误，请联系课
题组老师";
    }
  }
}
```

图 4-19

（4）运行测试。

输入相应的值，测试能否计算一元二次方程，如图4-19。

动手变

（1）把代码中的Number改变成int，观察有什么变化。

（2）把按钮改变成公共库中的按钮编写。

动脑行

　　李华的妈妈挑中了一条非常漂亮的裙子，却没有合适的尺码。妈妈非常懊恼，还因此让李华少吃零食，但是李华身高170 cm，体重60 kg，属于非常标准的体重。你能用本节课所学的知识帮李华同学编写一个标准体重计算器吗？让李华同学告诉妈妈，他的体重是标准的。

温馨提示！

成年男性的标准体重=（身高cm-80）×70%

成年女性的标准体重=（身高cm-70）×60%

第五章 Flash程序应用

　　本章以生活用电的费用计算为例进行需求分析，运用动画设计、程序基础知识进行方案设计，具体通过界面设计、核心程序编写调试，解决自定义计算问题，提高工作效率。

【本章学习目标】

☆能简单设计软件项目

☆掌握静态文本、动态文本、自定义按钮设置方法

☆学会ActionScript3.0按钮设计的编写

☆学会Flash软件调试方法

☆尝试使用算法、数据结构知识解决问题

5.1 软件设计、界面设计：电费计算器

知识库

软件设计一般包括对软件进行需求分析、功能设计和算法实现，以及软件的总体结构设计、模块设计、编码和调试等一系列操作，以满足客户的需求并且解决客户的问题。如果有更高需求，还需要对软件进行维护、升级处理等。

案例导入

张阿姨是某片区的市政清洁员同时兼职该片区的电费抄表员。该片区暂未安装智能电表，张阿姨的工作是每月挨家挨户将当月的电费抄下，并计算出费用以告知各家缴费。电费的计算规则是200度以下每度0.52元，200~400度部分每度0.57元，超过400度（含400度）每度0.848元。张阿姨每次计算都很烦恼，每家情况不一样，都需要分别按规则计算，虽然有计算器，依然会花费相当多的时间去完成，使她的清洁工作受到耽误。请你运用Flash设计一个小软件帮她提高效率。

需求分析

直接输入电量，就可计算出相应的电费。张阿姨是清洁工作人员，不宜携带笔记本等大尺寸设备，软件须运行在手机等便携设备上。张阿姨年龄偏大，视力不好，设计的字体应该偏大，界面不宜复杂。

功能设计

（1）选择数字输入电量。
（2）可以根据电费计算规则计算并显示相应的结果。
（3）清除当前数据结果。

实现方法

（1）自定义软件主界面尺寸，以适应手机等便携式设备全屏显示，设计两个文本框实现输入与输出。
（2）自定义0—9的数字按钮，编写相应代码让文本框显示与临时存储，实现电量的输入。

（3）添加计算功能按钮，通过ActionScript条件语句判断实现电费计算并在输出框中显示结果。添加清除功能按钮，实现输入输出的清零操作。

跟着做

（1）启动Flash CS4软件，新建一个Flash（ActionScript3.0）文件。修改舞台大小，制作计算面板，如图5-1。

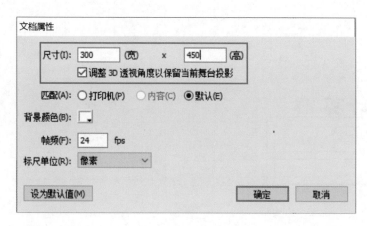

图 5-1

（2）用文本工具输入计算器表头，在属性面板中定义为【静态文本】，调整字体大小，颜色，用选择工具将文本框移动到合适位置，如图5-2。

图 5-2

温馨提示！
如果文本框性质选择错误，可以再次选中文本框在属性中修改。

（3）用文本工具制作数值输入框，在属性面板中定义为【动态文本】，注意选择在文本周围显示边框，如图5-3。

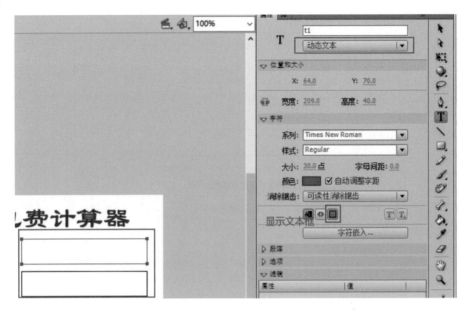

图 5-3

（4）同步骤（2），用文本工具输入计算器"电量""金额"，在属性面板中定义为【静态文本】，调整字体大小，颜色，用选择工具将文本框移动到合适位置。

（5）执行菜单中【控制】→【测试影片】，即可查看效果。

动手变

（1）更改计算器外观形状，比如设计成横向计算器。

（2）尝试对软件设计制订出更为详细的策划书或根据你的想法制订另一套软件设计方案。

动脑行

李华的爸爸开了一个早餐店，卖馒头、包子、稀饭等食品。开店初期顾客较少，一人还能端食品收钱。由于早餐味道好，服务态度好，最近生意红火起来了，李华的爸爸心里高兴，但顾客多了，要招呼客人，又要收钱，经常出错。李华想着开发一个小软件能让父亲快速计算顾客消费金额，减少错误。但软件开发前需要进行需求分析与设计，请你结合以上情况帮李华制订出软件设计方案。

5.2 Flash 按钮设计：电费计算器

知识库

> 　元件是在Flash中创建的图形、按钮或影片剪辑，它们都保存在【库】面板中。只需要创建一次，即可在整个文档中重复使用。
>
> 　Flash元件有三种：图形元件、按钮、影片剪辑。
>
> 　按钮有弹起、指针经过、按下和点击的四个不同状态，可以加入动作代码。

跟着做

（1）【插入】→【新建元件（按钮）】，将元件命名为"1"，如图5-4。

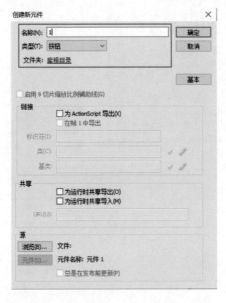

图 5-4

> 温馨提示！
> 元件类型不同，在编辑区域或库里显示的图标会有所不同。

　（2）单击确认以后，Flash将自动跳转到元件设置界面，利用【矩形工具】绘制按钮，可根据自己的喜好选择填充颜色和边框颜色，绘制完成后，用【选择工具】将绘制的图形移动到舞台中心点附近，如图5-5。

　（3）用文本工具在按钮上输入数值1，注意在属性面板中取消在"文本周围显示边框"这个选项，如图5-6。

　（4）单击图层1，依次在弹起、指针弹起、按下以及点击帧下，右键单击，插入关键帧，如图5-7。

图 5-5

图 5-6

图 5-7

温馨提示！
【F6】为插入关键帧快捷键。

（5）在图层1中，选中指针，选中编辑框中的图形背景色，使用颜料桶修改颜色。弹起、指针、按下以及点击等关键帧按照以上办法适当修改。

（6）返回到场景1中，在库面板选中元件1，右键单击→【直接复制】，按照此步骤，依次复制所有按钮，并更改对应的名称，如图5-8。

图 5-8

温馨提示！

弹起、指针、按下、点击为按钮在用户操作时的四种状态，应有所区别。

（7）在库中依次选中各个元件，在"弹起、指针、按下、点击"这四帧中依次修改按钮上的数字，使其与名称一致，如图5-9。

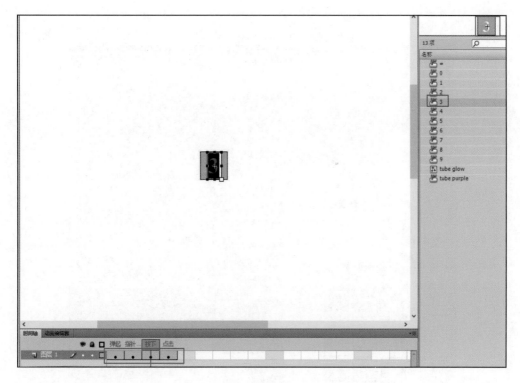

图 5-9

动手变

改变计算器按钮的形状和外观，或用图片作为按钮。

动脑行

为什么要在按钮制作中直接复制后面三个关键帧，这样做的目的是什么？在本例按钮制作的整个过程中，还有什么地方也采用了类似手法？为什么要这样做？想想前面学习逐帧动画时，两帧变化较小时，我们是否也采用过类似方法进行设计。请设计一例逐帧动画或系列式的播放按钮。

5.3 Flash 代码设计：电费计算器

5.3.1 电费计算器代码设计 1

跟着做

（1）选中"按钮1"，在属性面板中将实例名称更改为"bt1"，如图5-10。

图 5-10

> 温馨提示！
> 按钮的实例名是代码书写过程中此按钮的身份，确定后不要随意修改。

（2）新建代码图层，并将图层命名为"code"，右键单击第1帧，选择【动作】，进入代码编辑面板，如图5-11。

（3）添加数字1显示的代码，如下：

var showtext=""; //定义变量

function ClickMovie1（event：MouseEvent）//定义功能函数

{

showtext=showtext+"1"; //在原有变量内容上增加数字1

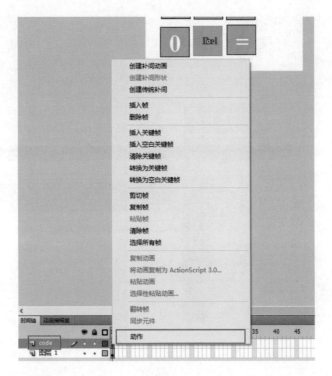

图 5-11

t1.text=showtext；//在 t1 动态文本框内显示变量 showtext 内容

　　}

　　bt1.addEventListener（MouseEvent.MOUSE_UP，ClickMovie1）；//单击按钮后调用 ClickMovie1功能函数。

　　代码输入结束后，【控制】→【测试影片】检测数字能否显示。

　　（4）参考第一步，依次将按钮的实例名称修改为：bt2、bt3、bt4、bt5、bt6、bt7、bt8、bt9、bt10（0）、bt11（Del）、bt12（＝）。

　　（5）此时，可直接采用复制、粘贴的方法，依次粘贴其他数字显示的代码，注意，粘贴的代码中，需要修改对应的实例名称，如图5-12和图5-13。

　　（6）同样采用复制粘贴的方法，为每一个按钮添加鼠标动作。代码如下，注意：在复制粘贴的过程中修改实例名称。

　　bt1.addEventListener（MouseEvent.MOUSE_UP，ClickMovie1）；

　　bt2.addEventListener（MouseEvent.MOUSE_UP，ClickMovie2）；

　　bt3.addEventListener（MouseEvent.MOUSE_UP，ClickMovie3）；

　　bt4.addEventListener（MouseEvent.MOUSE_UP，ClickMovie4）；

　　bt5.addEventListener（MouseEvent.MOUSE_UP，ClickMovie5）；

　　bt6.addEventListener（MouseEvent.MOUSE_UP，ClickMovie6）；

　　bt7.addEventListener（MouseEvent.MOUSE_UP，ClickMovie7）；

　　bt8.addEventListener（MouseEvent.MOUSE_UP，ClickMovie8）；

　　bt9.addEventListener（MouseEvent.MOUSE_UP，ClickMovie9）；

　　bt10.addEventListener（MouseEvent.MOUSE_UP，ClickMovie10），如图 5-14。

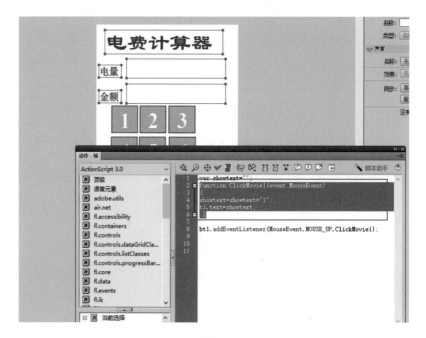

图 5-12

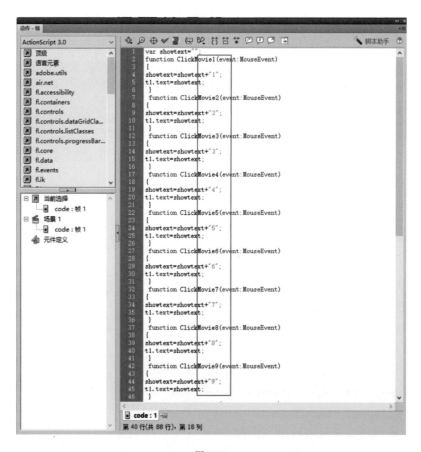

图 5-13

```
77   bt1.addEventListener(MouseEvent.MOUSE_UP,ClickMovie1);
78   bt2.addEventListener(MouseEvent.MOUSE_UP,ClickMovie2);
79   bt3.addEventListener(MouseEvent.MOUSE_UP,ClickMovie3);
80   bt4.addEventListener(MouseEvent.MOUSE_UP,ClickMovie4);
81   bt5.addEventListener(MouseEvent.MOUSE_UP,ClickMovie5);
82   bt6.addEventListener(MouseEvent.MOUSE_UP,ClickMovie6);
83   bt7.addEventListener(MouseEvent.MOUSE_UP,ClickMovie7);
84   bt8.addEventListener(MouseEvent.MOUSE_UP,ClickMovie8);
85   bt9.addEventListener(MouseEvent.MOUSE_UP,ClickMovie9);
```

图 5-14

（7）调试运行，分别单击界面上数字1—9，看看显示框是否出现相应数字，对异常情况进行原因分析。

动手变

（1）增加计算器的运算符号如"+、–"等。

（2）属性面板中，实例名称如果没有进行更改会出现什么情况呢？动手试一试。

动脑行

本书60页动脑行软件设计中，假定李华的爸爸卖馒头、包子、稀饭、鸡蛋共四个早餐品种，李华的爸爸只需选择相应的早餐品种与数量就可计算出这个早餐的消费金额。逐个按照这个方法操作，计算出每类早餐品种的金额，最后计算出该顾客消费总额。想一想应该如何进行累加计算与保存？请根据前面的设计方案，完成该小软件的界面设计与功能设计。

5.3.2 电费计算器代码设计 2

知识库

逻辑运算又称布尔运算，有与、或、非三种基本运算方式。逻辑运算通常用来测试真假值。常见的逻辑运算有以下几种：

And（与运算）：同为真时为真；

Or（或运算）：同为假时为假；

Xor（亦或运算）：相同为假。

在Action Script程序语言中，常用的逻辑运算符有："=="等于，">="大于等于，"<="小于等于，"&&"与运算，"||"或运算等。

跟着做

（1）为"="按钮编写计算程序

function ClickMovie12（event：MouseEvent）

{

var n1，n2=0；//定义两个变量n1，n2，并将其初始化值为0。

n1=int（t1.text）；//将输入的变量赋值给变量n1，通过函数int转换为整数类型。

//根据电费计算的要求，根据n1的值，进行条件判断，并进行相应的计算。

//当n1<200，则进行如下计算：

if（n1<200）

{

　　n2=n1*0.52；

}

//当 n1>=200 且 n1<400，则进行如下计算：

if（n1>=200 && n1<400）

{

　　n2=（n1-200）*0.57+200*0.52；

}

//当 n1>=400，则进行如下计算：

if（n1>=400）

{

　　n2=（n1-400）*0.848+200*0.52+200*0.57；

}

t2.text=n2；//将n2的值在文本框中显示，该值代表使用的电费金额。

}

（2）为删除键【Del】和【＝】添加鼠标动作，注意修改实例名称。

【Del】代码：

function ClickMovie11（event：MouseEvent）

{

showtext="";

t1.text=showtext；

t2.text=showtext；

}

bt11.addEventListener（MouseEvent.MOUSE_UP，ClickMovie11）；

bt12.addEventListener（MouseEvent.MOUSE_UP，ClickMovie12）；

如图 5-15。

```
function ClickMovie11(event:MouseEvent)
{
var n1,n2=0;
n1=int(t1.text);
if (n1<200)
{
    n2=n1*0.52
}
if (n1>=200 && n1<400)
{
    n2=200*0.52+(n1-200)*0.57
}
if(n1>=400)
{
    n2=200*0.52+200*0.57+(n1-400)*0.848
}
t2.text=n2;
showtext=0;
}
function ClickMovie12(event:MouseEvent)
{
showtext="";
t1.text=showtext;
t2.text=showtext;
}
bt1.addEventListener(MouseEvent.MOUSE_UP,ClickMovie1);
bt2.addEventListener(MouseEvent.MOUSE_UP,ClickMovie2);
bt3.addEventListener(MouseEvent.MOUSE_UP,ClickMovie3);
bt4.addEventListener(MouseEvent.MOUSE_UP,ClickMovie4);
bt5.addEventListener(MouseEvent.MOUSE_UP,ClickMovie5);
bt6.addEventListener(MouseEvent.MOUSE_UP,ClickMovie6);
bt7.addEventListener(MouseEvent.MOUSE_UP,ClickMovie7);
bt8.addEventListener(MouseEvent.MOUSE_UP,ClickMovie8);
bt9.addEventListener(MouseEvent.MOUSE_UP,ClickMovie9);
bt0.addEventListener(MouseEvent.MOUSE_UP,ClickMovie0);
bt11.addEventListener(MouseEvent.MOUSE_UP,ClickMovie11);
bt12.addEventListener(MouseEvent.MOUSE_UP,ClickMovie12);
```

图 5-15

动手变

电费的计算标准是根据当前政策进行计算的，如果计算标准发生变化我们只能再次修改源文件，通用性不强。请你思考一下，能否由用户自己输入计算规则，且随时可以修改该规则，动手试试。

动脑行

为了满足更多人的口味，李华爸爸的早餐店也会调整早餐品种，与此同时，价格也会发生变化。Flash支持外部文件的读取，请查阅相关资料，修改软件，让李华的爸爸通过修改外部文件实现菜品的更新。

第六章　Flash游戏开发

本章主要是通过学习Flash游戏开发设计，掌握Flash游戏开发的基本流程。

【本章学习目标】

☆掌握影片剪辑元件的使用

☆掌握数组的使用

☆熟悉游戏设计的基本流程

6.1　界面设计：拼字游戏

知识库

　　影片剪辑元件：影片剪辑元件是包含在Flash影片中的片段，有自己的时间轴和属性。它既可以包含交互控制、声音以及其他影片剪辑的实例，也可以将其放置在按钮元件的时间轴中制作动画按钮。影片剪辑对于使用Flash创作工具创建动画内容，并想要通过ActionScript来控制该内容的人来说是一个重要元素。在将某个影片剪辑元件的实例放置在舞台上时，如果该影片剪辑具有多个帧，它会自动按其时间轴进行回放，除非使用ActionScript更改其回放。

案例导入

　　李华的弟弟英语成绩不好，又沉迷游戏，李华为了激发弟弟对英语的学习兴趣，想将英语学习设计到游戏软件中，请帮他运用Flash设计这样一款小软件。

　　（1）需求分析：根据汉字能正确拼写英文单词。

　　（2）功能设计：当输入字母时，软件能够判断该字母是否为英语单词中对应的字母。如果不是，则提示需要重新输入，直到整个单词输入完成自动跳转下一个英文单词。

　　（3）实现方法：

①设计两个文本框，用于输出汉字、输入英文单词。

②添加单词字母错误提示框。

③单词输入正确自动进入下一个单词拼写。

跟着做

　　（1）【打开】素材文件"拼字游戏.fla"，在场景1的"背景"图层上新建图层"文本"，锁定背景图层，如图6-1。

　　（2）将【库】中的影片剪辑"题目文本""拼写文本"分别拖放至文本图层，在场景中呈左右并行排列，如图6-2。

　　（3）选择工具栏中文本工具，在其属性中选择【动态文本】，在题目文本影片剪辑上方绘制文本框，调整大小。绘制完成后将其属性的【实例名称】修改成"question_txt"，如图6-3。

　　（4）按照步骤（3），绘制动态文本框于拼写文本上，【实例名称】修改成"answer_txt"。

　　（5）新建动画图层，锁定其他两个图层，将库中"错误动画"影片剪辑拖放到动画图层中合适的位置。

图 6-1

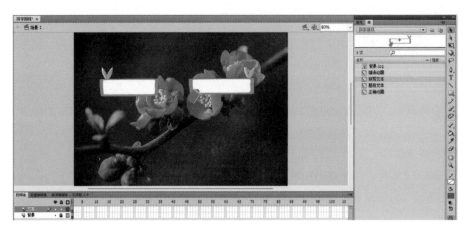

图 6-2

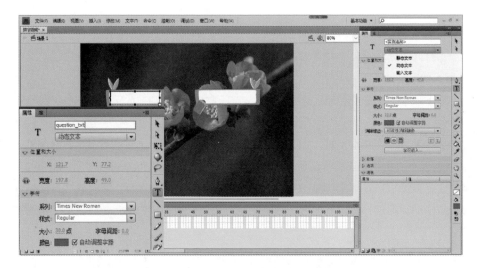

图 6-3

（6）选中场景中的"错误动画"，在【属性】面板中将实例名称修改为"no_mc"。

（7）将库中"正确动画"影片剪辑拖放到"错误动画"的近上端，按照步骤（6）将【实例名称】修改为"yes_mc"，如图6-4。

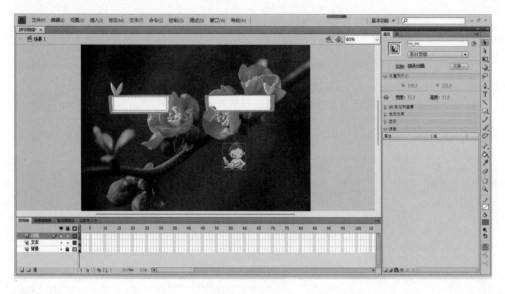

图 6-4

动手变

（1）更换背景，使其更符合主题，更具有特色。

（2）换一换"错误动画"，试试效果。

动脑行

　　为提高学习乐趣，李华同学提出一个竞赛活动，即答题赛跑活动。

　　活动规则：

　　（1）每题时间限制10分钟。

　　（2）在限制时间内答题错误不增加步数，答题正确增加10步。

　　（3）超过限制时间不增加步数。

　　（4）在限制时间内每减少1分钟则增加1步。

　　同学们，如果要帮助李华同学设计答题赛跑活动，应如何规划界面，需要设计哪些元件？

6.2 代码设计：拼字游戏

知识库

一维数组：在程序中可以使用下标变量，即说明这些变量的整体为数组，数组中的每个变量的数据类型是相同的。当数组中每个元素都只带有一个下标时，称这样的数组为一维数组。

一维数组是计算机程序中最基本的数组。二维及多维数组可以看作由一维数组的多次叠加产生的。

跟着做

（1）打开上一节的素材文件"拼字游戏.fla"，新建图层"代码"，锁定其他图层，选中代码图层第1帧，单击鼠标右键选择【动作】，开代码书写窗体，如图6-5。

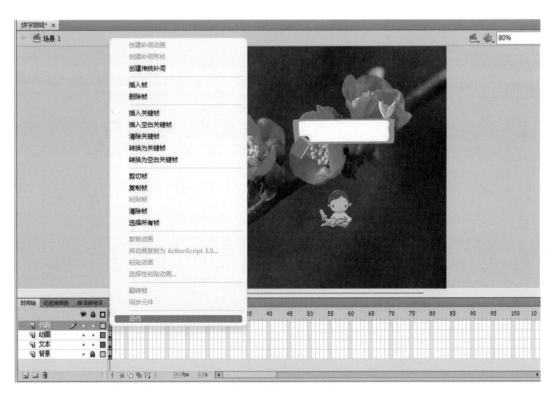

图 6-5

（2）在动作窗口中输入：

no_mc.stop（）；

yes_mc.stop（）；

var questCn=["书"，"铅笔"，"书包"]；

var questEn=["book"，"pencil"，"bag"]；

var num=0；

var ind=0；

var ans=""；

question_txt.text=questCn[num]；

其中：no_mc.stop（）；yes_mc.stop（）；初始化时让场景中的 no_mc，yes_mc 停止播放。

var questCn=["书"，"铅笔"，"书包"]；var questEn=["book"，"pencil"，"bag"]；定义两个一维数组，questCn为中文词语，questEn为对应英文单词。

var num=0；var ind=0；var ans=""；定义并初始化三个变量，以便后面程序使用，注意名称尽量体现功能，以便调用。如ans表示回答的结果，ind，num为程序计数与变量下标等。

question_txt.text=questCn[num]；初始问题文本为questCn[0]的值，即"书"。

（3）动作窗口输入：

stage.addEventListener（KeyboardEvent.KEY_DOWN，chkAns）；

stage.addEventListener（）为Flash系统函数，功能是侦听到事件后进行事件处理。这里函数由两个参数组成，第一个参数为侦听的对象，第二个为处理程序。KeyboardEvent.KEY_DOWN：键盘按钮按下，chkAns：处理程序的名称，这里为函数名。

（4）按照下图在动作窗口输入主函数，参考流程图，如图6-6。

```
function chkAns（me：KeyboardEvent）
{
var keyChar：String=String.fromCharCode（me.charCode）；
var ansChar：String=questEn[num].substr（ind，1）；
    if（keyChar.toLowerCase（）==ansChar.toLowerCase（））
     {
    ans=ans+keyChar；
    ind++；
    if（questEn[num].length<=ind）
            {
    ans=""；
    ind=0；
    num++；
    }
        else
        {
    yes_mc.gotoAndPlay（1）；
```

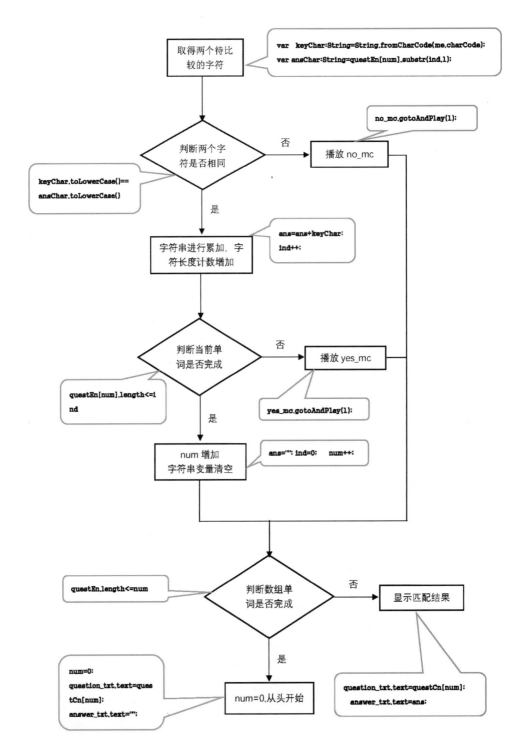

图 6-6

```
        }
        }
    else
    {
    no_mc.gotoAndPlay（1）；
    }
    if（questEn.length<=num）
    {
    num=0；
    question_txt.text=questCn[num]；
    answer_txt.text=""；
    }
    else
    {
    question_txt.text=questCn[num]；
    answer_txt.text=ans；
    }
}
```

（5）调试程序，生成swf文件。

动手变

（1）增加两个数组的变量，看看能否正常使用。

（2）将条件keyChar.toLowerCase（）==ansChar.toLowerCase（）更改为
　　　keyChar.toLowerCase（）!=ansChar.toLowerCase（）

（3）试一试，程序中的语句应该如何组织？

动脑行

　　在上一节课中，同学们通过Flash软件帮助李华同学设计了答题竞赛活动，那功能如何实现呢？请帮助李华同学实现答题竞赛活动的功能。

6.3 代码拓展：拼字游戏

知识库

字符串处理函数split，功能：将字符串分割，并存入指定字符型数组中。格式String. split（delimiter: String, [limit: Number]）在指定的delimiter参数出现的所有位置断开String对象，将其拆分为子字符串，然后以数组形式返回子字符串。如果未定义delimiter参数，则会将整个字符串放入返回的数组的第一个元素中。参数：delimiter: String——一个字符串；String待拆分处的字符或字符串。limit: Number[可选]——要放入数组中的项目数。返回Array——包含my_str的子字符串的数组。//在程序中为代码行后增加注释，/*……*/在程序中为增加一段注释。

跟着做

（1）打开上节完成的设计，【另存为】拼字游戏2.fla。

（2）进入代码图层第1帧，右键选择【动作】，删除之前代码，理解并输入下面的代码，如图6-7。

/*初始化两个动画为停止状态*/

no_mc.stop（）;

yes_mc.stop（）;

/*引入文本文件处理的相关系统文件*/

import flash.net.URLLoader ;

import flash.net.URLRequest ;

import flash.events.Event ;

/*读取 test.txt 文件*/

var txtLoad: URLLoader = new URLLoader（）;

var txtURL: URLRequest = new URLRequest（"test.txt"）;

/*生成数据，监听是否完成事件，完成后调用函数showContent*/

txtLoad.addEventListener（Event.COMPLETE, showContent）;

txtLoad.load（txtURL）;

function showContent（evt: Event）: void

{

/*将读取的数据运用split函数生成字符数组，注意参数1的字符要与text.txt中字符串的分割符一致*/

var t1: String= evt.target.data ;

var t2=t1.split（"; "）;

/*定义三个一维数组，其中t3的作用为继续分割t2中2个字符串，故仅需2个数组变量*/

```
var t3=["", ""];
var questEn: Array=new Array ( );
var questCn: Array=new Array ( );
/*通过split将t2中每个数组变量分割，并分别追加保存到两个用于中英文对比的一维数组中*/
for ( var i=0; i<t2.length; i++ )
{
t3=t2[i].split ( "," );
questCn.push ( t3[0] );
questEn.push ( t3[1] );
}
```
/*同上节操作类似，侦听用户输入，并进行判断开展拼字游戏，同上节相比，待比较的单词数量由文本文件确定，且是可变的。*/
```
var num=0;
var ind=0;
var ans="";
question_txt.text=questCn[num];
stage.addEventListener ( KeyboardEvent.KEY_DOWN, chkAns );
function chkAns ( me: KeyboardEvent ) {
var keyChar: String=String.fromCharCode ( me.charCode );
var ansChar: String=questEn[num].substr ( ind, 1 );
if ( keyChar.toLocaleLowerCase ( ) ==ansChar.toLocaleLowerCase ( ) ) {
ans=ans+keyChar;
ind++;
if ( questEn[num].length<=ind ) {
ans="";
ind=0;
num++;
}
Else {
    yes_mc.gotoAndPlay ( 1 );
}
}
Else {
    no_mc.gotoAndPlay ( 1 );
}
if ( questEn.length<=num ) {
    num=0;
    question_txt.text=questCn[num];
```

```
        answer_txt.text="";
    }
    Else {
        question_txt.text=questCn[num];
        answer_txt.text=ans;
    }
    }
    }
```

动手变

（1）将文本文件test.txt的内容修改一下，运行程序如何变化？

（2）改变test.txt及程序中字符串的分隔符，调试是否正常？

动脑行

Flash能否访问数据库？

通过网络调查，了解Flash有哪些方法读取外部数据。

在一次答题赛跑比赛活动中，李华发现一个问题，想把自己答的题保存在电脑文档中，还想调出上次答题比赛中的数据。想一想，应该如何来实现呢？

图 6-7

6.4 元件设计：打地鼠游戏

知识库

打地鼠游戏原理：相信各位同学都玩过打地鼠游戏，原理很简单，进入游戏，地鼠会从一个个地洞中不经意地探出一个脑袋，或者一双眼睛，企图躲过游戏者的视线。不用心软，直接敲下去，力求一次一个准，来一个砸一个，来两个砸一双，看看最终得分。

案例导入

李华同学在一个游戏厅门口，看到小朋友在游戏机上打地鼠，他想：是否可以用Flash设计一个打地鼠游戏？

（1）需求分析：李华通过仔细观察游戏机，打地鼠游戏需要设计地鼠、地鼠洞和手锤才能完成。

（2）功能设计：

①地鼠的设计，包括出洞及被打的表情。

②手锤的设计，手锤移动及砸中的效果。

③地鼠洞的设计，地鼠出洞及隐藏的效果设计。

（3）实现方法：

①设计地鼠表情、手锤、地鼠洞等图形。

②采用遮罩层设计地鼠出洞和隐藏。

③通过ActionScript语言编写实现游戏功能。

跟着做

（1）打地鼠游戏素材主要包括手锤、地鼠洞及地鼠（包括地鼠出洞及被打表情），素材可通用前面所学习的基础绘图制作，也可在网上检索并加工处理，本章节的素材主要采用网上素材并加工成形，如图6-8。

图 6-8

温馨提示！

素材的加工处理可采用第三方软件进行设计，如PhotoShop等。

（2）将素材导入到库中，【文件】→【导入】→【导入到库】，选择6.4节image文件夹中的素材，如图6-9。

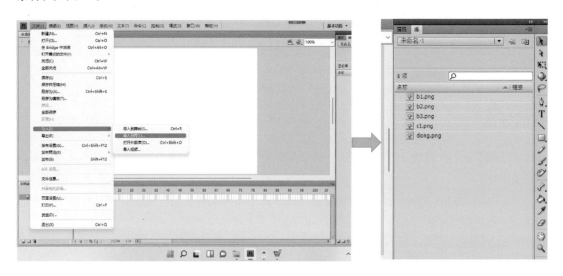

图 6-9

温馨提示！

固定点位置设置，选中【圆点】，拖动鼠标到指定位置。

（3）新建元件，名称：c1，类型：影片剪辑，把c1.png拖动到影片剪辑的正中央"＋"处，使用【变形工具】调整大小、形状及设置固定点位置，如图6-10。

（4）新建3个图层，并命名特效、代码、锤子三个图层，如图6-11。

（5）代码图层第1帧添加动作：stop（）；在特效图层第2帧插入关键帧，并绘制如图6-12所示图形，再使用变形工具调整锤子砸中的位置。

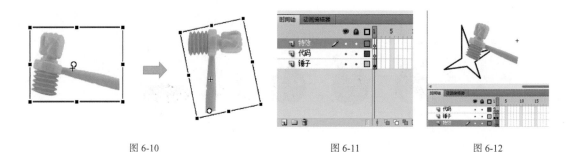

图 6-10　　　　　　　　　　图 6-11　　　　　　　　　图 6-12

（6）新建元件，名称：dong，类型：影片剪辑，并将d1.png添加至正中，图层1命名：地鼠洞，如图6-13。

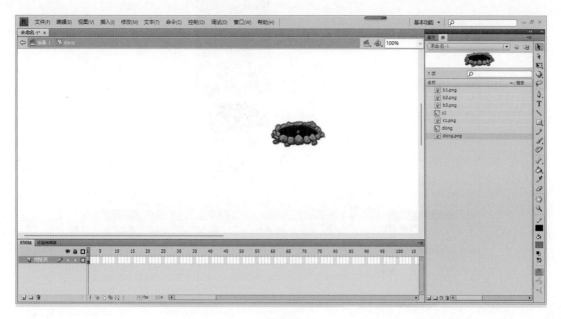

图6-13

（7）新建图层3个，并将图层命名为地鼠洞、地鼠、遮罩、代码，选择地鼠图层，将地鼠素材b1.png拖至相应位置，如图6-14。

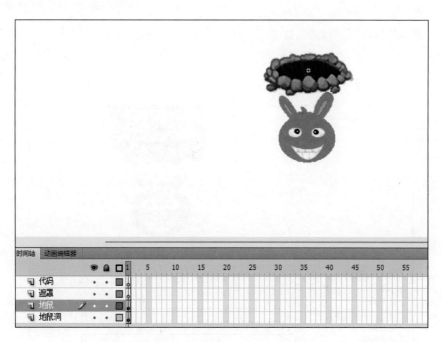

图6-14

（8）在遮罩图层中使用矩形框工具制作长方形，宽度参照地鼠洞的宽度，可在相对应的属性中查看，如图6-15。

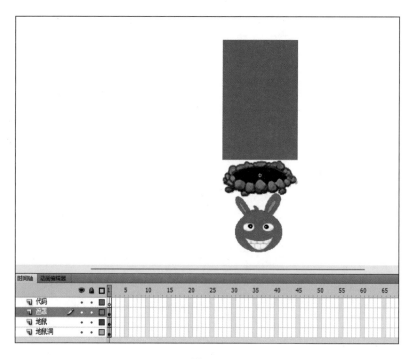

图 6-15

（9）在地鼠洞图层的第38帧插入普通帧，在地鼠图层第5帧插入关键帧，并移动地鼠出洞的效果，在地鼠图层24帧和28帧插入关键帧，28帧移动地鼠的退出效果，创建传统补间动画，如图6-16。

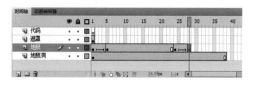

图 6-16

（10）在遮罩图层第38帧插入普通帧，在代码图层第28帧插入关键帧，并填写动作代码：gotoAndStop（1），右击【遮罩图层】→选择【遮罩层】，如图6-17。

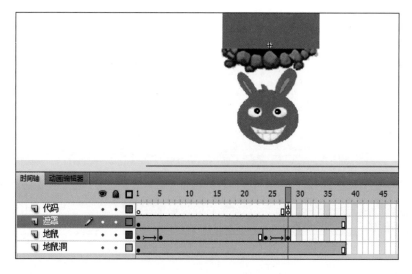

图 6-17

（11）在地鼠图层第29帧插入关键帧，替换地鼠表情b2.png，在第33帧插入关键帧，使用变形工具改变地鼠的形状，如图6-18。

（12）在地鼠图层第34帧插入关键帧，删除原来表情，更换为b3.png，并在38帧处插入关键帧，移动表情，使用传统补间动画，如图6-19。

（13）在代码图层的第38帧插入关键帧，添加动作代码：gotoAndStop（1）。

图 6-18

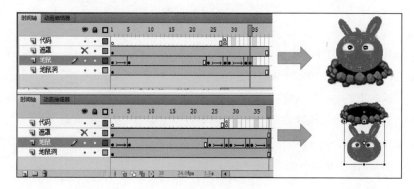

图 6-19

动手变

（1）通过前面所学的基础绘图，设计手锤砸下的炫酷特效。

（2）改变地鼠图层中的关键帧位置，观察地鼠出洞的变化。

动脑行

秋天到了，橘子熟了，树上掉下好多橘子，同学们来一场比赛吧！看看谁接得最多？请同学们根据本章节所学的知识，用Flash设计一个接水果游戏吧！思考，在设计中如何收集并设计素材，有哪些元件需要设计？

6.5 代码设计1：打地鼠游戏

知识库

> 在Flash中，如何实现连接类创建对象，通过创建类，可以不用把元件单独拖动至舞台上，而通过addChild函数把对象添加到舞台上。

跟着做

（1）在库中对dong元件添加as链接，右击dong元件—选择属性菜单，如图6-20。

（2）新建图层，命名为代码图层，并在第1帧添加代码，参考如下所示：

图 6-20

```
import flash.events.Event；

stop（）；

var da：int=0；//统计打中的次数

var kou：int=5；//地鼠出现五次未打结束游戏

//添加地鼠洞在场景中的代码编写

//通用数组和类添加10个地鼠洞

var arr：Array=new Array（）；//创新 arr 数组

for（var i：int=0；i<10；i++）

{

    arr[i]=new mc（）；//mc 是指地鼠出动的一个影片剪辑

    var x1：int=i%5；//地鼠洞排列坐标 x

    var y1：int=i/5；//地鼠洞排列坐标 y

    //trace（x1，y1）；

    arr[i].x=x1*140+100；

    arr[i].y=y1*120+300；

    arr[i].stop（）；

    arr[i].mouseChildren=false；

    arr[i].addEventListener（MouseEvent.MOUSE_DOWN，MDownmoving）；//监听鼠标按下事件

    addChild（arr[i]）；//添加子对象

}

//地鼠出洞效果，使用函数setInterval，每一秒执行一次
```

```
setInterval（up，1000）；
function up（）
{
    var r：int=Math.random（）*10；//随机1—10的整数
    arr[r].gotoAndPlay（1）；
}
```

动手变

改变数据arr[i].x=x1*140+100；arr[i].y=y1*120+300；看看地鼠洞的位置。

动脑行

上一节同学们设计了接水果游戏界面，通过本节所学的知识，能实现接水果游戏的主体功能编写吗？

6.6　代码设计2：打地鼠游戏

知识库

在Flash中，currentFrame用来判断Flash播放时是否达到某一帧，本节游戏主要通过它判断是否打中地鼠和是否结束游戏。

跟着做

（1）在铁锤图层中第1帧插入关键帧，把元件c1托运到场景中，实例命名为：c_mc，如图6-21。

（2）在代码图层中添加代码，参考如下所示：

import flash.events.MouseEvent；

//铁锤随鼠标移动效果代码的编写

addEventListener（Event.ENTER_FRAME，c_footing）；//添加侦听事件

function c_footing（e：Event）{

　　c_mc.x=mouseX+90；//铁锤对象x坐标随着鼠标移动

　　c_mc.y=mouseY；//铁锤对象y坐标随着鼠标移动

图6-21

```
        //添加游戏结束
        for（var i：int=0；i<10；i++）  {
            if（arr[i].currentFrame==28）//判断地鼠出洞当前帧是否到28帧
            {
                kou-=1;
                if（kou==0）
                {
                    trace（"游戏结束"）;
                }
            }
        }
    }
    addChild（c_mc）; //添加铁锤子对象
    function MDownmoving（e：MouseEvent）{
        c_mc.play（）;
        if（e.target.currentFrame>3 && e.target.currentFrame<28）//判断当前播放的帧是否在3和28
之间
        {
        e.target.gotoAndPlay（29）; //第29帧是地鼠出洞被打中的帧
        da+=1;
        trace（da）;
        }
    }
}
```

动手变

改变数据c_mc.x=mouseX+90；看看鼠标移动，铁锤显示是否出界。

动脑行

健康的游戏开发，不仅益智，还能提高学习效率，在我们生活中，还有很多有益的活动。同学们，打开你们的思维，发挥你们的想象，带着创新的思维把这些活动融入Flash创意中吧！